深井超深井井下故障预防及处理

中石化石油工程公司　编

中国石化出版社

图书在版编目（CIP）数据

深井超深井井下故障预防及处理 / 中石化石油工程
公司编. —北京：中国石化出版社，2021.10
ISBN 978 - 7 - 5114 - 6460 - 6

Ⅰ.①深… Ⅱ.①中… Ⅲ.①深井–故障–预防②深
井–故障修复③超深井–故障–预防④超深井–故障修复
Ⅳ.①TE2②TE245

中国版本图书馆CIP数据核字（2021）第188669号

中国石化出版社出版发行

地址：北京市东城区安定门外大街58号
邮编：100011　电话：（010）57512500
发行部电话：（010）57512575
http://www.sinopec-press.com
E-mail:press@sinopec.com
北京柏力行彩印有限公司印刷
全国各地新华书店经销
*
787×1092毫米16开本13.25印张239千字
2021年10月第1版　2021年11月第1次印刷
定价:98.00元

编 委 会

前　言

　　深井、超深井钻井技术是深层油气勘探开发的重要手段，也是衡量一个国家钻井技术水平的重要标志。近年来，随着四川盆地和塔里木盆地深层、超深层油气资源的勘探突破，国内深井、超深井越来越多。但是，由于井深地温高、地层压力大，加上钻穿的岩层多、地层复杂，所以深井超深井施工难度大、井下故障多发，并且井下故障处理难度大、损失周期长。据统计深井超深井的故障时效一般都在1%~3%之间，有些井的故障时效高达6%以上。

　　为了实现"强基础、提速度、遏故障"，中石化石油工程公司组织钻井现场故障处理专家和钻井技术研究部门专业人士编写了《深井超深井井下故障预防及处理》一书，该书对近年来237起深井超深井的井下故障进行分析研究，重点对发生频率较高的卡钻、钻具故障、完井故障进行分析研究，旨在提高钻井工程师和钻井技术人员预防和处理深井超深井井下故障的能力，解决制约油气勘探开发进程的技术瓶颈，提高深井超深井勘探开发效益。同时，该书也可作为油田职工培训教材和相关高校教材使用。

　　本书由中石化石油工程公司工程技术部组织，由中原石油工程有限公司负责编写。全书共分五章，二十五节和附录。第一章介绍了深井、超深井井下故障分类、处理原则及深井超深井特点；第二章介绍了卡钻故障，按照卡钻的频率阐述各类卡钻原因、特征、预防、处理及处理程序；第三章介绍管具断落故障及井下落物的预防与处理；第四章介绍了完井作业中测井故障、下套管故障和固井故障的预防及处理；第五章介绍了处理井下故障常用的工具及工艺；附录涵盖了"中原石油工程井下故障预防和处理双十条""井下故障"卡点的确定"等内容，以供参考学习。

　　由于深井、超深井故障预防及处理技术涉及面广，案例收集难度大，技术进步快，兼之编者水平有限，本书编写内容难免有不足及疏漏之处，敬请读者在阅读中多提出宝贵意见，以便下次再版时修正。

目　　录

第一章　深井超深井井下故障分类及处理原则

　　油气资源深埋于地下数千米乃至近万米。在不同埋藏深度条件下，地层岩体的温度、压力、岩性及组分、孔隙流体及特性等不同。一般来说，埋藏深度越大，地质条件越恶劣，钻完井技术面临的挑战也越高。按油气藏的埋藏深度即钻井垂深划分为几个层次，能大致地反映和衡量钻完井技术难度。依照国际和国内对深井、超深井的通用定义：垂深不小于4500.00m，不大于6000.00m的井为深井；垂深不小于6000.00m的井为超深井。随着国内外勘探开发的深入和石油钻井技术的不断发展，向更深地层找油找气成为趋势。但随着深井和超深井的增加，钻井井下故障发生频率也迅速地增加，因此对钻井故障预防及处理的要求也越来越高。

　　深井超深井钻井故障的发生，都有其客观与主观因素，钻井工程技术人员必须对钻井故障问题发生的主要原因有一个清晰的认识，一旦出现异常情况，思想上才会有正确的判断，才会采取正确的技术措施来应对。这样，在大多数情况下，就可以避免故障的发生，把井下故障带来的损失降低到最低限度。

第一节　深井超深井井下故障类型

　　钻井故障是指钻井作业中在井内发生的各种故障的总称，故障类型主要包括卡钻故障、管具断落、井下落物和完井故障等。钻井故障的主要类型见表1-1。

表1-1　钻井故障的主要类型

卡钻	黏附卡钻、压差卡钻、坍塌卡钻、缩径卡钻、沉砂卡钻、键槽卡钻、泥包卡钻、落物或掉块卡钻、固结卡钻、干钻卡钻
管具断落	钻杆折断、钻铤断落、套管断落、井下工具断落、钻具及工具滑扣、脱扣等
井下落物	掉钻头、掉牙轮或刮刀片、井口落物（接头、钳牙、卡瓦牙、手工具等）、测井仪器与电缆掉井等
完井故障	测井故障、套管故障、固井故障

深井超深井钻井过程中故障发生频次，见图1-1。

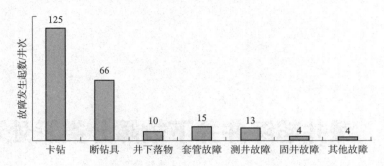

图1-1 深井超深井钻井过程中故障发生频次示意图

深井超深井井下故障以卡钻、断钻具及完井故障居多。由于深井超深井井下环境复杂，处理故障手段受到诸多限制，故障处理过程中，极易引发新的故障，使井下情况更加复杂，故障的判断与处理更加困难。钻井故障的发生和处理严重降低了钻井时效，导致钻井成本大幅增加。如何提高深井超深井钻井故障的预防和处理水平是当前钻井面临的主要难题之一。

第二节　深井超深井钻井故障的主要特点

在深井超深井钻井时，由于油气藏埋藏深、温度高、压力系统复杂、构造带夹层多、断层分布广等；钻井过程中整钻、跳钻严重，钻柱承受很大的拉伸、扭转和冲击等交变载荷，钻井周期长、钻具在交变应力的作用下易发生钻具失效。大量统计分析和钻具失效研究结果表明，深井超深井井下故障主要特征有以下几点：

一、故障预防难度大

深井超深井钻井中，同一裸眼段地层层序较多，地层岩性和压力系统复杂，同一裸眼段存在多套压力系数，塌漏同存，井温较高，地层破碎，往往容易出现井下复杂情况。如果不能快速判断识别复杂情况，采取有效的处理手段就会导致井下故障的发生。

二、故障征兆获知晚

深井超深井与浅井最大区别是，拉力、扭矩及井下压力异常后，信号衰减严重不能及时传至地面。

深井超深井钻井过程中，由于井较深，钻头水眼压降低，下部钻具尺寸小，下部钻具刺漏等问题很难及时发现，发生故障后地面预知较晚，造成处置不及时。

三、故障发生几率高

深井超深井由于井深井温高、地层复杂、同一裸眼段存在多套压力系数、钻井液浸泡时间长易引起井壁失稳，从而造成复杂式卡钻故障的发生；深井超深井钻具负荷重，上部钻具抗拉、下部钻具抗扭余量小，易发生钻具故障；深井超深井因泵压高，地面设备承压受限，排量受限，井眼清洁困难易发生钻完井故障。

四、故障类型多

深井超深井钻井过程中常因所钻目的层深，井底温度和压力高，地层岩性复杂多变，钻遇多套地层压力系统等原因，使得钻井过程中往往面临"喷、漏、塌、卡、斜、硬"等众多世界级钻井难题，同一地区不同区块，钻井难题又各有不同，各种类型的钻井故障都可能遭遇到。

五、故障处理难度大

深井超深井处理故障由于井身结构、轨迹复杂，扭矩传递困难造成倒扣不能在预期位置倒开，套铣困难、风险大，单次倒出钻具较少甚至未能倒出钻具，如果鱼头偏倚甚至进不了鱼头，无法继续套铣倒扣。

深井超深井套管层序多，环空间隙小，受打捞工具种类或规格型号不全、工具尺寸受限、钻具强度较低或寿命短、安全使用风险大等诸多因素的限制，常常需要特制一些用于处理非常规井眼的钻具打捞工具，等待加工打捞工具的时间过长。

落物或套变需要磨铣时，因磨铣工具达不到要求，磨铣困难，甚至磨铣失效。

第三节 导致井下故障的主要因素

造成井下故障有很多因素，概括起来主要有4大类：地质因素、工程因素、工具因素和其他因素。

一、地质因素

深井超深井钻井过程中钻遇不同的地层会遇到许多技术难题，如地层岩性的多变性，压力系统的复杂性，地质构造不同所造成的不稳定性等引起的井下故障。统计分析西南、西北及其他地区引起深井超深井故障的主要地质因素，见表1-2~表1-4。

表1-2　西南工区因地质因素引起的井下故障

序号	项目	类别	产生故障的主要原因	主要故障性质	可能引发的故障
1	岩性	页岩	水基钻井液在地层中长时间浸泡导致井壁失稳垮塌	剥落、掉块等井壁不稳定	起下钻阻卡，可造成沉砂卡钻
		雷口坡组石膏盐层	有弹性迟滞和弹性后效现象，易蠕动、易溶解、易垮塌	发生失返性漏失、蠕变、井眼缩径导致卡钻	起下钻阻卡、卡钻
		茅口组灰岩	裂缝发育，地层稳定性差，易产生掉块		
2	地质构造	褶皱	地层变形产生裂缝与内应力和大倾角地层，地层上倾，井斜大于90°时下部钻具容易靠贴井壁发生黏卡；地层下倾，井斜大于90°时钻头会沿着地层倾角的方向前进，使井斜越来越大	井斜、漏失、井塌	卡钻、断钻具
		断层	龙1-1小层存在小断层，井壁易垮塌、掉块，地层变位产生断裂与断层	井斜、漏失	卡钻
		破碎带或应力集中	可能钻遇破碎带或应力集中地层，应力释放井壁垮塌		卡钻、埋钻
		邻井产层压裂影响	同井场已建产井加砂压裂可能造成应力变化，地层失稳，坍塌掉块导致卡钻	地层失稳，坍塌掉块	
3	地层压力	高孔隙压力	1.须家河组二段上下地层均为异常高压层，地层压力1.40~1.60g/cm³，地压曲线呈折线状，钻井液密度偏高，高固相含量、恶化钻井液性能，压差过大增加黏附卡钻几率。卸立柱后钻具静止时间长，在起下游车期间没有转动活动井内钻具，此时钻铤全部位于须二段砂体里，增加了钻具黏附的时间。2.钻遇高压裂缝气层，压井放喷过程中，高压软管刺断，后期卡钻	钻速慢、滤饼厚、压差大、井涌、溢流	压差卡钻、井喷、井涌、溢流
		低破裂压力	使用堵漏材料，恶化钻井条件	井漏、堵漏	卡钻、井塌

表1-3　西北工区因地质因素引起的井下故障

序号	项目	类别	产生故障的主要原因	主要故障性质	可能引发的故障
1	岩性	三叠系泥岩、粉砂质泥岩夹灰色粉砂岩	地层稳定性差，易垮塌	剥落、掉块等井壁不稳定	起下钻阻卡，可造成沉砂卡钻
		砂砾岩	含石英、燧石块、大小悬殊、泥质胶结的不均匀性	蹩钻、跳钻、渗漏	黏扣、黏卡、断钻具、掉牙轮
		二叠系玄武岩、英安岩	地层易漏、硬脆性垮塌	井塌、掉块	卡钻
		砂砾岩、粉砂岩	含石英、长石胶结物为铁质、钙质和硅质，具有极高的硬度	极强的研磨性、跳钻	钻头缩径、掉牙轮、断钻具
		辉绿岩	设计钻井液密度无法对辉绿岩段井壁有效支撑，造成卡钻	掉块卡钻、硬卡	阻卡、卡钻
		碳酸岩层	主要成分CaO、MgO和CO_2等有溶解与重结晶等作用	形成溶剂与裂缝	产生漏失、阻卡、卡钻

续表

序号	项目	类别	产生故障的主要原因	主要故障性质	可能引发的故障
2	地质构造	裂缝、微裂缝发育	地层变形产生裂缝与内应力和大倾角地层	井斜、漏失、井塌	卡钻
		破碎带	钻遇一间房组至鹰山组破碎带地层，井壁垮塌	井斜、漏失、井壁垮塌、剥落、掉块等井壁不稳定	坍塌卡钻、掉块卡钻
3	地层压力	高孔隙压力	高密度钻井液中高固相含量、恶化钻井液性能，加大井底压差	钻速漫、滤饼厚、压差大、井涌、溢流	压差卡钻、井喷
		低破裂压力	使用堵漏材料，恶化钻井条件	井漏、堵漏	卡钻、井塌

表1-4 其他工区因地质因素引起的井下故障

序号	项目	类别	产生故障的主要原因	主要故障性质	可能引发的故障
1	岩性	泥页岩	含高岭土、蒙托石、云母等硅酸盐矿物，具有可塑性、吸附性和膨胀性	剥落、掉块等井壁不稳定	起下钻阻卡，可造成沉砂卡钻
		砂砾岩	含石英、燧石块、大小悬殊、泥质胶结的不均匀性	蹩钻、跳钻、渗漏	黏扣、黏卡、断钻具、掉牙轮
		砂砾岩粉砂岩	含石英、长石胶结物为铁质、钙质和硅质，具有极高的硬度	极强的研磨性、跳钻	钻头缩径、掉牙轮、断钻具
		石膏、岩盐层	有弹性迟滞和弹性后效现象，易蠕动、易溶解、易垮塌	蠕变、缩径	起下钻阻卡、卡钻
		碳酸岩层	主要成分CaO、MgO和CO_2等有溶解与重结晶等作用	形成溶剂与裂缝	产生漏失、阻卡、卡钻
2	地质构造	褶皱	地层变形产生裂缝与内应力和大倾角地层	井斜、漏失、井塌	卡钻
		断层	地层变位产生断裂与断层	井斜、漏失	卡钻
3	地层压力	高孔隙压力	高密度钻井液中高固相含量、恶化钻井液性能，加大井底压差	钻速漫、滤饼厚、压差大、井涌、溢流	压差卡钻、井喷
		低破裂压力	使用堵漏材料，恶化钻井条件	井漏、堵漏	卡钻、井塌

二、工程因素

工程因素包括设计、工程方案措施、施工操作、设备原因等，主要工程因素见表1-5。

表1-5 影响井下故障的主要工程因素

序号	项目	主要技术要求	主要作用
1	井身结构	套管封固不同压力层系与不稳定地层	防塌、防卡、防喷、防漏
2	钻井设备	钻井泵排量可调，有足够的功率	清洗井底、净化井筒、防卡、防钻头泥包
		转盘软特性，转速可调	防蹩、防断
		顶驱	及时处理复杂，减少卡钻
		固控完好，处理量满足要求	降低固相含量

续表

序号	项目	主要技术要求	主要作用
3	井控设备	压力级别与地层压力匹配，试压合格	防喷、节流压井
4	钻井液	根据地层岩性、压力，选择合适的类型与性能参数	防塌、防卡、防钻头泥包、提高钻速
5	钻具结构	根据地层岩性、倾角、钻井工艺条件选择钻具结构及井下工具	防斜、防断、防振、防卡、防掉
6	钻井仪表	要求全面准确反映钻井参数	提供钻进中井下真实动态、信息，准确及时判断井下情况
7	钻头选择	根据地层可钻性选择钻头类型与钻进参数	提高钻速，防掉、防跳
8	操作技术	严格遵守钻进中各项技术操作规程和技术标准	防止操作失误、违规，使井下情况复杂化或造成更大故障
9	应急或处理措施	准确判断井下情况，制订正确的处理措施，及时分析，修正处理方案，具有多种应急手段	减少失误，减少时间损失，提高故障处理效率和一次成功率
10	钻井用器材与工具	质量合格、性能可靠	少发生或不发生井下故障，保障顺利钻进

三、工具因素

钻井工具主要包括钻头、钻柱、井下动力钻具、测量仪器以及其他辅助钻井工具。深井、超深井钻具因其承受载荷大、地质复杂，在交变应力的作用下容易引起钻具故障。2017—2020 年发生的多起断钻具故障主要是质量问题所致（表 1-6）。

表 1-6　引起井下故障的主要钻具质量因素

序号	项目	类别	产生故障的主要原因	主要故障性质	可能引发的故障
1	材料性能及原始缺陷	材料韧性指标（材料抗裂纹萌生和扩展的能力）	工具承受交变的拉伸、压缩、内压、弯曲、冲击等载荷，材料强度不足、材料本身存在裂纹和超标夹杂，大幅度降低其承载能力和使用寿命	材料韧性差、钻具强度不足、安全可靠性和使用寿命短	很易发生脆性断裂
		处理工艺	存在淬火裂纹	钻具承载面积减少，在裂纹尖端存在很大的应力集中，使用中原始裂纹很易扩展	断裂
		钻具的受力条件	与井深、井眼大小、井身质量、地层岩性等有关		

续表

序号	项目	类别	产生故障的主要原因	主要故障性质	可能引发的故障
2	螺纹加工质量	螺纹连接部位	螺纹齿形不规则、螺纹参数严重超差	影响内、外螺纹接头的啮合精度，使螺纹连接的应力分布恶化，降低接头连接强度和使用寿命	
		螺纹表面龟裂、内外螺纹齿顶宽度不同	钻具螺纹接头由于内螺纹齿形不规则，内、外螺纹根本无法啮合	内、外螺纹参数的差异，在上扣过程不易使其旋合到位	刺漏和断裂故障
				强行上扣到位，内、外螺纹将严重过盈干涉	黏扣
		牙底形状不规则，存在明显的尖角	螺纹牙底有尖角的部位存在应力集中	使用中很易萌生裂纹	钻具断裂
3	无损探伤	入井前未探伤检查	有缺陷钻具入井	应力集中部位如钻铤接头、钻杆内外加厚的过渡带有缺陷	
		未定期对钻具进行无损探伤	对于裂纹超过极限值的钻具，未及时报废处理		
4	结构尺寸	钻具结构突变、密封性能不佳	易形成应力集中	外螺纹对管体的扭屈强度比不达标准	外螺纹接头部位早期断裂钻具早期破坏

四、其他因素

除了以上的3种因素外，造成井下故障的还有其他因素，主要包括地震、地质灾害和极端天气等不可抗力因素。这些因素往往引发重大井下故障和事故，应引起高度重视。

第四节　井下故障处理原则

钻井井下故障的预防与处理是一个复杂性系统问题，是钻井技术工作的重要内容。预防与处理钻井井下故障，应综合各方面的成功经验进行科学地决策、设计和施工，遵循"科学、安全、快捷、经济"四条基本原则。

一、科学原则

科学原则就是处理每一步无效后必须有补救措施。所以要认真收集现场及井下相关资料，操作者提供的直接信息。科学地分析，准确地描绘井下情况，制定合理的处理预

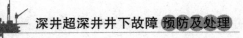

案。要有必要的计算和草图绘制，通过分析处理过程中故障处理的效果，纠正或补充处理方案，使处理方案更切合实际。

二、安全原则

井下故障多种多样，井下情况千变万化，处理方法、处理工具多种多样。树立"安全第一"的思想，从制订处理方案、处理技术措施、处理工具的选择以及人员组织等均应有周密的策划。处理方案中要考虑人员安全、井下工具及设备安全，防止在处理故障过程中出现失误，避免故障恶化。对入井工具、器材、药品严格检查，确保质量合格。操作人员应熟知入井打捞工具的结构和正确使用方法，将安全贯彻到故障处理全过程。

三、快捷原则

为防止井下故障随着时间的延长而复杂化，发生故障后应尽快组织处理。基层队对故障要做出快速处理并及时汇报，上级部门根据现场反馈的信息迅速决策制订处理方案。迅速组织处理工具与器材，加快处理作业进度，做好工序衔接，减少停工时间。

四、经济原则

根据故障性质、处理难度、地质条件、工具器材组织、技术手段等，评估故障处理的时间与费用。从经济角度出发，评价处理方案。如果处理起来费工、费时，处理成本高，一般打捞成本超过填井侧钻的成本则停止处理，可考虑原井眼填井侧钻、移井位重钻或弃井等。

第二章 卡钻故障

钻柱在井内不能上下自由活动和转动的现象叫作卡钻。按其产生卡钻的机理可分为黏附卡钻、压差卡钻、坍塌卡钻、缩径卡钻、键槽卡钻、泥包卡钻、落物卡钻、水泥固结卡钻和钻头干钻卡钻等。

不同类型的卡钻，表现出的特征也不尽相同，预防和处理的方法也就不同。发生卡钻故障后，通过各种征兆和可能获取的各种信息准确洞察卡钻的真正性质，才能做到有的放矢，有效预防和处理，把卡钻故障消灭在萌芽状态中。

第一节 黏附卡钻

黏附卡钻是钻井过程中最常见的卡钻故障之一。钻井中由于井眼不可能完全垂直，当井下钻具静止不动时，与井壁滤饼黏合在一起，静止时间越长则钻具与滤饼接触面积越大，由此而产生的卡钻称为黏附卡钻。

一、卡钻原因

黏附卡钻是在钻柱静止的状态下发生的，主要原因在于钻井液滤饼的性质，即滤饼的力场指向和大小。钻井工程用的水基钻井液，都是将黏土分散在水中形成负电分散体系，黏土颗粒的分散依靠自身所带的负电荷，即应用分散剂和稳定剂，其主要作用原理就是增强黏土颗粒的负电电位，强化这种负电的水化效应。黏附卡钻的主要原因在于：

（1）钻柱在井内静止时间长。

（2）钻井液体系选择不当或钻井液性能不好，滤饼质量差造成摩阻系数大。

（3）井身质量差。

（4）滤饼存在强负电子场。

（5）固相含量高、虚滤饼厚。

（6）钻具结构不合理，钻柱与井径直径差值小与井壁接触面积大。

二、卡钻特征

钻柱静止状态下才可能发生黏附卡钻，至于钻柱静止多长时间才会发生，和钻井液体系、钻井液性能、钻具结构、井眼质量等有密切关系，少则两三分钟，多则几十分钟，但必须有一个静止过程。黏附卡钻的特征主要有：

（1）黏附卡钻后的卡点位置不会是钻头，而是钻铤或钻杆部位，一般最初是在钻铤处，如果活动不及时，卡点有可能上移，甚至移到套管鞋附近。

（2）黏附卡钻前后，钻井液循环正常，进出口流量平衡，泵压没有变化。

三、卡钻预防

（1）使用中性钻井液如油基钻井液、油包水钻井液或阳离子体系钻井液，最好是高价阳离子（如Fe^{3+}、Al^{3+}、Si^{4+}）聚合物体系的钻井液。如使用水基钻井液，绝大部分是阴离子体系钻井液，随着井斜的增加或钻井液密度的提高，黏附卡钻的可能性越来越大，最好的办法是不让钻柱静止，这一点事实上是做不到的。但黏附卡钻总有个过程，允许钻柱静止的时间长短，随不同井的井下情况和钻井液性能而异。一般要求钻柱静止时间不许超过3min。钻具每次活动距离不少于3.00m，转动不少于10圈。如果部分设备发生故障，不能转动的话，要上下活动；不能上下活动的，要争取转动。每次活动都要达到无阻力为止，活动后应恢复至原悬重；用转盘旋转时，要达到无倒车为止。如果要测斜的话，测斜前最好短程起下钻一次，在测斜时除必要停止的几分钟外，要使钻具一直处于活动状态。

（2）如果钻头在井底，无法上提或转动，应在钻头允许的最大钻压下放钻具，使钻具弯曲，减少钻柱与井壁滤饼的接触面积，减少总的黏附力。

（3）在正常钻进时，如水龙头、水龙带发生故障，绝不能将方钻杆坐在井口进行维修，如果一旦发生卡钻，将失去下压和转动钻柱的可能性。

（4）搞好固控工作，把无用固相尽量清除干净，因为无用固相颗粒会形成劣质滤饼，导致发生黏附卡钻的可能性。

（5）保持良好的井身质量。在直井中，如果钻头在井底，无法上提或转动，将钻柱下压至钻头最大允许压力。在定向井或水平井中，井斜或方位变化大的井段，钻柱由于其自重分力的作用紧紧靠向井壁一边，增加了黏附卡钻的可能性。

（6）尽量简化钻具结构，减少黏附卡钻的概率。

（7）深井、超深井要在钻具中带随钻震击器。

四、卡钻处理

1. 强力活动

黏附卡钻随着时间的延长而日趋严重。故在发现黏附卡钻的最初阶段，就应在设备（特别是井架和悬吊系统）和钻柱的安全负荷内尽最大的力量进行活动。上提不超过薄弱环节的安全负荷极限，下压可以把全部的钻柱压上，也可以进行适当的转动，但不能超过钻杆限制扭转圈数。

2. 震击解卡

如果钻柱上带有随钻震击器，应立即启动震击器上击或下击，以求解卡，这比单纯的上提或下压的力量要集中。

3. 浸泡解卡剂

浸泡解卡剂是解除黏附卡钻的最常用、最重要的办法。解卡剂种类很多，广义上讲，包括原油、柴油、油类复配物、盐酸、土酸、清水、盐水、碱水等；狭义上讲，是指用专门物料配成的用于解除黏附卡钻的特殊溶液，有油基的，也有水基的，它们的密度可以根据需要随意调整。如何选用解卡剂，要视各个地区的具体情况而定，低压井可以随意选用，高压井只能选用高密度解卡剂。

4. 套铣倒扣

遇到严重卡钻时用以上方法不能解除且不能循环时，现场常用倒扣、套铣的方法来取出井内全部或部分钻具。倒扣是使转盘倒转，将井内正扣钻杆倒出。每次能倒出的钻杆数量取决于井内被卡钻具丝扣松紧是否一致，通常希望从卡点处倒开。对卡点以下的钻具要下套铣筒将钻具外面的岩屑或落物碎屑等铣掉，然后再倒出钻具。由于深井超深井具有井深、井斜大，钻具在旋转倒扣时与套管壁之间摩擦阻力大，扭矩传递损耗大，中和点判断不准，倒扣效率低，甚至出现无法倒开的情况，可选用高、强、大的打捞工具和增力倒扣器。

5. 填井侧钻

在处理黏卡过程中往往会伴随坍塌卡钻等复合卡钻，在套铣倒扣过程中，特别是定向井、水平井等复杂井况下，出现套铣过程中套铣筒折断、鱼头进不了铣鞋、井下坍塌、出水等复杂情况，在考虑综合成本的基础上，遵循经济原则，实施卡点以上填井侧钻。

6. 处理黏附卡钻应注意的问题

黏附卡钻处理不当，往往会引发别的故障，使故障复杂化。所以处理的每个步骤都必须谨慎。

（1）使用什么样的解卡剂，要根据各个地区的具体情况而定，最好是使用可以调整密度的油基解卡剂。

（2）注入解卡剂前，最好做一次钻井液循环周试验，确定钻具没有刺漏现象，方可注入。

（3）注解卡剂前，特别是注入低密度解卡剂前，必须在钻柱上或方钻杆上接回压阀或旋塞。

（4）要保持钻头水眼和环空不被堵塞，这种堵塞往往是液体倒流造成的。

（5）如果一次浸泡，解卡剂用量过大，有引起井涌、井喷的危险时，可以分段浸泡，先浸泡被卡钻柱的下部，然后一次性地将解卡剂顶到卡点位置，浸泡被卡钻柱的上部。

（6）解卡剂在井内浸泡的时间，随地层特性和钻井液性能而异，少则十几分钟，多则几十小时。

黏附卡钻发生后，要根据现场的具体情况采取相应的措施，具体问题要具体分析具体对待，不能一概而论。

黏附卡钻的推荐处理程序，见图2-1。

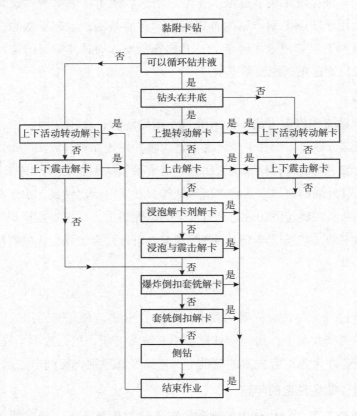

图2-1　黏附卡钻的推荐处理程序

五、典型案例解析

案例一　WY37-7HF井

1. 基础资料

（1）井型：WY37-7HF井是布置在川西南坳陷北部白马镇向斜构造三开制水平井。

（2）一开套管：Φ339.7mm，下深557.03m。

（3）裸眼：Φ311.2mm钻头，钻深3355.67m。

（4）钻具组合：Φ311.2mmPDC+Φ244.5mm LG（无扶、0.5°）+回压阀+Φ203.2mmNDC+MWD悬挂短节Φ303mmLF+Φ203.2mm DC×6根+Φ139.7mmHWDP×3根+旁通阀+Φ139.7mm HWDP×6根+Φ139.7mm DP。

（5）钻井液性能：密度1.87g/cm³、黏度61s、滤失量3.8mL、切力5/19Pa、滤饼0.5mm、含砂0.2%、pH值10、固含31%、坂含29.2g/L；钻井液体系：钾基聚磺钻井液。

（6）地层：石牛栏组；岩性：灰色、浅绿灰色泥岩夹浅灰色泥质灰岩。

（7）故障井深：3355.67m；钻头位置：3345.46m。

（8）井身结构如图2-2所示。

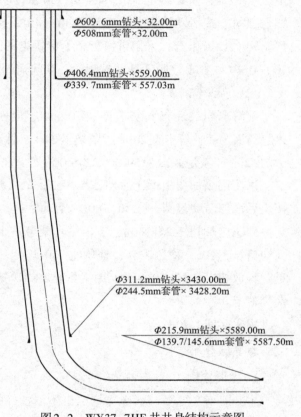

Φ609.6mm钻头×32.00m
Φ508mm套管×32.00m

Φ406.4mm钻头×559.00m
Φ339.7mm套管×557.03m

Φ311.2mm钻头×3430.00m
Φ244.5mm套管×3428.20m

Φ215.9mm钻头×5589.00m
Φ139.7/145.6mm套管×5587.50m

图2-2　WY37-7HF井井身结构示意图

2. 发生经过

2019年10月29日18:26二开钻至井深3355.67m，全烃值开始上涨（此时液面无变化），主动划眼观察，18:53全烃值由3.24%上涨至10.92%，液面上涨0.2m³，井口观察呈涌势，关井求套压、立压，套压、立压均为0MPa，点火未成功，关井循环脱气。19:04开始采用关环形防喷器方式活动钻具，第一回次下放上提活动钻具正常，原悬重1348kN（录井曲线），井段3339.67~3345.43m，活动距离5.76m（分段下放7次正常、悬重1242~1290kN，19:35~19:37采用1次上提至原关井位置正常，悬重1233~1452kN）；19:58第二回次下放钻具遇阻，上提钻具遇卡发生卡钻，钻头位置3345.46m。

3. 故障处理

（1）强力活动钻具。

10月29日19:58~20:01在关环形情况下，采取下压方式活动钻具未开，出口全烃值50%，考虑本井前期已上调钻井液密度至入口1.90g/cm³（与同平台WY37-3HF井同层裂缝气层压井后的密度一致），且液面无变化，决定开井循环活动钻具。

29日20:05~20:54开井后，采取下压配合强扭方式活动钻具，活动范围30~148t，排量40~48L/s，扭矩给定26~30kN·m，顶驱转动10.5圈未开。至30日0:19继续采用下压配合强扭方式活动钻具，活动范围30~148t，排量54.4L/s，扭矩逐级增加至34.9kN·m，顶驱转动12圈未开，采用带扭矩和不带扭矩下压钻具，循环静压5~20min观察回压情况。30日0:19~12:00控制活动钻具频次，期间清泥浆罐、连接油管线，做配置解卡剂准备。

（2）泡解卡剂。

配解卡剂22m³（配方：柴油+0.5%有机土+10%解卡剂+5%聚合醇+加重材料）。注入隔离液3m³、解卡剂20m³、隔离液3m³、替浆25m³，钻具内剩余解卡剂8m³，环空解卡剂12m³，浸泡井段3159.00~3346.00m，总长18.07m。

采用逐级加扭矩下压活动钻具为主，最大扭矩给定35kN·m（顶驱转动12圈），释放扭矩后增加活动范围，在30~180t内活动钻具，同时每30min开泵顶0.2m³。

顶驱施加扭矩25kN·m，下压钻具至悬重50t，关环形防喷器，通过压井管线给环空反向挤压3MPa，稳压2.5h，地层吃入0.4m³。12:30~12:50泄压开井，上提钻具至原悬重，释放扭矩，12:50逐级上提钻具至180t，钻具恢复原悬重130t，启动顶驱转动正常，钻具解卡。

损失时间1.70d。

4. 原因分析

1）主要原因

本井是WY37平台下半支第二口施工二开的井，老浆重复利用高，泥浆劣质固相含量高，润滑性能及泥饼质量较差。钻井液性能维护不足是造成黏附卡钻的主要原因。

2）重要原因

（1）钻井液密度偏高增大了黏附卡钻的风险。茅口组钻遇裂缝性气层，密度上提至1.90g/cm³，明显高于同平台其他井二开最高密度1.75g/cm³。

（2）关井节流循环压井期间，钻具单次活动距离不足。单次下放距离仅0.5~1.00m，并未及时发现摩阻有增大趋势，也是导致本次卡钻的重要原因。

5. 专家评述

（1）合理使用钻井液密度，加强钻井液性能维护处理，加强钻井液流变性、润滑性能维护，防止高密度钻井液钻进时造成黏附卡钻。

（2）精细刹把操作，加强井下风险分析判断，压实岗位责任。在关井套压为0的情况下，每次活动钻具距离要控制在3.00m以上，同时根据井下情况，及时活动钻具。

案例二　MJ 112井

1. 基础数据

（1）井型：布置在四川盆地川西坳陷马井构造上的一口评价直井。

（2）二开套管：Φ282.6mm/Φ273.1mm，下深4163.00m。

（3）裸眼：Φ241.3mm钻头，钻深5825.64m。

（4）钻具组合：Φ241.3mmPDC+止回阀+Φ177.8mmNDC×1根+Φ177.8mm SpiralCollar×15根+Φ165.1mmSpiralCollar×6根+Φ177.8mm随钻震击器×1根+旁通阀+Φ127mmHWDP×6根+Φ127mm DP×183根+Φ139.7mm DP。

（5）钻井液性能：密度2.05g/cm³、黏度59s、滤失量1.6mL、切力5/18Pa、滤饼0.5mm、含砂0.1%、pH值10、K^+26000mg/L、Cl^-45000mg/L、固含37%、坂含16g/L；钻井液体系：钾基聚磺钻井液。

（6）地层：须三段；岩性：砂页岩互层，以页岩为主并含有岩屑砂岩。

（7）故障井深：5825.64m；钻头位置：5825.64m。

（8）井身结构如图2-3所示。

2. 发生经过

2019年5月7日0:30钻至井深5825.64m，1:40上提钻具划眼接立柱准备工作。1:46甩单根、接立柱，开泵循环正常（50冲/min，泵压5MPa），然后开顶驱，扭矩升至13.47kN·m钻具未转开，上提208t、下放186t遇阻卡

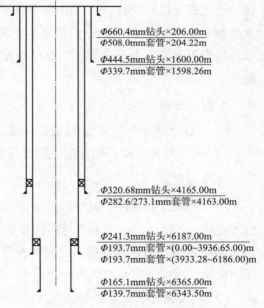

Φ660.4mm钻头×206.00m
Φ508.0mm套管×204.22m

Φ444.5mm钻头×1600.00m
Φ339.7mm套管×1598.26m

Φ320.68mm钻头×4165.00m
Φ282.6/273.1mm套管×4163.00m

Φ241.3mm钻头×6187.00m
Φ193.7mm套管×(0.00~3936.65.00)m
Φ193.7mm套管×(3933.28~6186.00)m

Φ165.1mm钻头×6365.00m
Φ139.7mm套管×6343.50m

图2-3　MJ 112井井身结构示意图

（接立柱前正常悬重：上提204t、下放188~190t），发生卡钻故障。

3. 故障处理

（1）上下活动钻具。

2019年5月7日1:46~3:00发生卡钻故障后，现场初步判断为黏附卡钻，在80~220t范围内活动钻具，以下压为主悬重最低下放至50t，同时逐级增加扭矩至25kN·m，钻具转14圈回14圈。

5月7日3：00~14：00活动钻具以下压为主，活动范围40~220t（钻具悬重193t，随钻震击器累计上击25次后未上击）。活动钻具过程中，排量32L/s，立压20MPa。

（2）注解卡剂解卡。

14：12~15：23注解卡剂18m³，替浆钻具内容积59.37m³，替浆44.37m³，钻具内留10m³，环空8m³。15：23~18：32泡解卡剂1h后顶浆1m³，以后每半小时替浆0.57m³（4次）；同时活动钻具，下压为主，扭矩调整为20~25kN·m（钻具转14圈）。

18：32~19：15泡解卡剂3h后开始加大活动范围，以下压为主，200~30t内活动钻具，扭矩调整为最高28kN·m（钻具转16.5圈），尝试上提至240t钻具未恢复自由状态。

19：15~24：00关井后通过压井管汇反向憋压6MPa。1h开井活动1次钻具，开井后顶替0.2~0.3m³解卡剂，控制反向憋压3次。0：00~1：40开井泄压后，调整扭矩为20.6kN·m，每半小时替浆0.2~0.3m³。活动钻具以下压为主，控制在200~80t活动钻具。在第三次顶替钻井液时，悬重由88t回复至140t，控制悬重在210t内活动，释放扭矩，再次控制悬重在194t内活动，设置扭矩上限20.6kN·m，开启顶驱，正常转动，开启泥浆泵，出口见返浆，悬重正常，顶驱转速67~68r/min，扭矩10.2kN·m（最大扭矩），钻具解卡。

4. 原因分析

（1）该井地层破碎、微裂缝发育特点，地层渗透率强，钻井液性能润滑性差。

（2）钻井液密度高，钻井液黏附滤饼摩擦系数，增加卡钻的概率。

5. 专家评述

（1）须家河组页岩、煤线和黑色页岩是坍塌的重点井段。针对该井地层破碎、微裂缝发育特点，施工中注入高强封堵浆覆盖全裸眼段，关井实施"间歇剂堵承压技术"，封堵地层微裂缝，强化井壁稳定的同时在井壁形成屏蔽带，以降低地层渗透率，从而阻止压力传递，增强泥浆封堵能力同时减小卡钻风险。

（2）精细操作，尽量减少钻具在井内的静止时间，一般不超过3min。

（3）该故障处理方法合理，采用环空憋压的方法，提高了处理故障的效率。

第二节　压差卡钻

钻井液液柱压力大于地层孔隙压力使钻柱紧贴于井壁滤饼造成的卡钻，叫压差卡钻。也是钻井中最常见的卡钻故障之一。最容易卡的是钻铤，由于钻具失去了自由活动，卡点可能逐渐上移。

一、卡钻原因

井壁上因吸附、沉积形成滤饼，滤饼的存在是造成压差卡钻的内因。钻井液是固、液两相流体，或者是固、液、气三相流体，其中的固相颗粒吸附在井壁上，形成滤饼。只要有滤饼的存在，就有出现压差卡钻的可能，砂岩井段、泥页岩井段都可以卡钻，不过，泥页岩井段的井径往往是不规则的，与钻柱接触面积比较小，所以压差卡钻的概率会少一些。

地层孔隙压力和钻井液液柱压力之间的压差，是形成压差卡钻的外因。在同一裸眼井段，地层的孔隙压力梯度是不统一的，而钻井液液柱压力总是要平衡该井段中的最高地层孔隙压力，对那些压力梯度相对低的地层必然会形成一个正压差，当钻柱被井壁滤饼黏附后，紧靠井壁一边的钻柱一侧（黏附面上）所承受的是通过滤饼传来的地层孔隙压力，另一侧所承受的是钻井液液柱压力，如果后者大于前者，就存在正压差，可把钻柱压向井壁，进一步缩小吸附面之间的间隙，增强吸附力，从而扩大钻柱与井壁的接触面积。

压差卡钻的发展过程如图2-4~图2-7所示。

图2-4表示钻柱接触井壁滤饼，产生吸附作用，这时有一个较小的接触面积。

图2-5表示在压差的作用下，从而将钻柱压向井壁，扩大了与井壁的接触面积，吸附力量进一步加强。

图2-6表示在钻柱不能活动的情况下，除已接触的滤饼面积外，在接触面的两边形成了一部分钻井液不能循环的死区，随着时间的延长，大量岩屑和钻井液中的固相颗粒沉淀于此，又形成新的滤饼，进一步扩大了钻柱与滤饼的接触面积。

图2-7表示由于井径不规则的原因，从纵向上看，一部分钻柱与井壁滤饼接触，一部分钻柱与井壁滤饼接触不了，但有一部分钻柱与井壁之间的间隙很小，小到钻井液无法循环到此，随着时间的延长，这部分间隙之间也要被钻屑和固体颗粒所充填，形成新的滤饼，增加了钻柱被吸附的长度。

   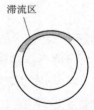

图2-4　钻柱小面积接触　　图2-5　钻柱与滤饼　　图2-6　钻柱与滤饼　　图2-7　钻柱与滤饼
　　井壁滤饼　　　　　　　接触面渐增　　　　接触面增大　　　　接触面达到最大

与此同时由于压差的作用，又增加了钻具与滤饼之间的摩阻力，所以，在压差卡钻发生的初期阶段，还可以用提、压、转、震击等办法争取解卡。如果无法解卡，同时发现卡点有上移的情况，就不必再用强力进行活动了，因为此时的卡钻已经由吸附力和摩阻力两种作用形成。吸附力和摩阻力随着压差的增大而增大，摩阻力和钻柱与滤饼的接触面积成正比，和压差成正比，和滤饼的摩阻系数成正比，可以表达为：

$$F=0.1K（P_1-P_2）A \qquad (2-1)$$

式中　F——摩阻力，kN；

　　　A——钻柱与滤饼的接触面积，cm^3；

　　　P_1——钻井液液柱压力，MPa；

　　　P_2——地层孔隙压力，MPa；

　　　K——滤饼摩阻系数，一般取0.05~0.25。

举例：某井发生压差卡钻，钻柱与井壁滤饼接触的长度是300.00m，平均接触宽度是3.5cm，液柱压差（P_1-P_2）是2.5MPa，摩阻系数取0.1，则摩阻力：

$$F=0.1×300×100×3.5×2.5×0.1=2625kN \qquad (2-2)$$

这个公式理论上是成立的，但在实际应用中，各个井段的地层孔隙压力不一样，接触面积更是未知数，井下滤饼摩阻系数也并不等于地面做的滤饼摩阻系数，因此并没有计算价值。

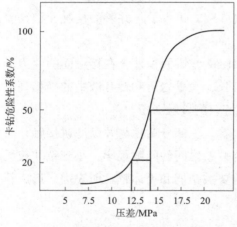

图2-8　预测压差卡钻危险性曲线

有研究者根据压差卡钻的统计资料绘制了一个预测压差卡钻的危险性曲线，如图2-8所示，它适用于直井和水基钻井液，可以看出，当井内压差超过12.5MPa时，发生压差卡钻的概率迅速上升，如果地层的渗透率较低，这个临界值将会高一些；如果地层的渗透率较高，这个临界值将会低一些，这些结论是在钻井液性能合适的前提下做出的，如果钻井液的固相含量高，流变性能差，将会导致较低的临界值，在定向井中，曲线形式相同，只是整个曲线向左偏移，压差的临界值较低。

综上所述，造成压差卡钻的原因主要有：

（1）清水聚合物钻进时，排量小，钻井液净化不好，钻屑粘在井壁上造成假滤饼。

（2）低固相钻井液性能不好时，失水大、含砂量高，在井壁上形成疏松的厚滤饼，润滑性差，摩阻力大。钻井过程中，钻井液受石膏、黏土、盐岩等污染，造成钻井液性能变坏，有害固相高，易发生黏吸卡钻。

（3）滤饼存在强负电力场，供水不足钻井液量少，或使用浑水配浆，或因漏失消耗量大补充不及，老钻井液重复使用次数过多，钻井液劣质固含高、性能差等。

（4）钻井液静液柱压力与地层孔隙压力差值较大，从而产生横向力把钻具推向井壁，使钻具陷入粗糙的滤饼中，两者压差愈大愈可能发生黏卡。在漏失或渗透性好的地层，瞬间失水也容易造成压差卡钻（包括漏失井段钻水泥混浆段）。

（5）钻柱与井径直径差值小，井斜角较大，井身质量不好，井眼轨迹不光滑，井眼曲率大，由于重力作用使钻具长时间贴在井壁低边的滤饼中，或者易产生岩屑床，容易形成压差卡钻。

（6）钻具活动不及时，活动范围小，或钻具断落或因设备故障等原因钻具无法活动，钻具在井内长时间静止不动，易造成压差卡钻。

（7）完钻转化钻井液过猛，坂土未充分水化分散，滤饼质量差造成完钻起钻遇卡。

二、卡钻特征

（1）钻柱静置时间较长，循环正常，无垮塌岩屑返出，初次卡点在钻铤部位，随着时间的增加，卡点会逐渐上移。

（2）压差卡钻是在钻柱静止状态下发生的，特别在钻具静止时间较长时，卡钻前钻具上下活动、转动均不会有阻力（正常摩阻力除外）。

（3）压差卡钻后的卡点位置不会是钻头，主要在钻铤或钻杆部位。最容易遇卡的是钻铤，因为钻铤与井壁的接触面积较大。

三、卡钻预防

（1）对于阴离子体系钻井液性能要维护好，要求有较好的润滑性、较小的失水、适当的黏度和切力，无固相体系要保持钻井液量充足，絮凝净化好，保持足够的聚合物含量。低固相钻井液保持良好的流变性，滤饼薄而韧，润滑性好，有害固相含量低。特别在深井阶段和定向井，高温高压失水要低，钻井液具有良好的润滑性能，把摩阻力尽可能降低。

（2）只要没有高压层、坍塌层和蠕变层存在，且没有特殊需要，要使用该井段最低密度的钻井液，做到近平衡压力钻进，当钻井液静液柱压力超过地层孔隙压力3.5MPa以上，及钻具推向井壁的横向力增加时，卡钻的概率会增大。

（3）使用优质钻井液加重材料，并要均匀加入，最好的办法是先在地面储备罐中加重，经充分搅拌水化后再混入井浆中。

（4）设计合理的钻柱结构，特别是下部钻柱结构。总的思路是增加支撑点，减少接触面，如使用螺旋钻铤代替圆柱钻铤、欠尺寸扶正器、加重钻杆等。定向钻井的倒装钻具结构，除了工艺因素外，也是防止卡钻的好方法。

（5）在测斜时，在测斜前最好短程起下钻1次，测斜时除了必要停止的几分钟以外，要使钻具一直处于活动状态中。

（6）正常钻进时，如水龙头、水龙带发生故障，绝不能将方钻杆坐在井口进行维修，因为一旦发生卡钻，将失去下压和转动钻柱的可能性。

（7）严格执行安装标准和设备操作规程，减少维修等原因对作业的影响，设备故障应设法先把钻具起到安全井段。在设备维修保养时，尽可能保持大排量循环，勤活动钻具，每2~3min上提下放活动1次且活动距离在3m以上，下放要猛。

（8）无论是钻进还是起下钻过程，要详细记录与钻头或扶正器相对应的高扭矩大摩阻的井段，并分析所在地层的岩性，因为这些地层容易发生卡钻。

（9）任何工况下都要控制钻具静止时间。

（10）挤封、打水泥堵漏作业时，简化钻具结构，不能使用钻铤、扶正器、钻头等，钻具不能下过漏层顶部。

（11）完钻钻井液分步转化，做好预水化，杜绝完钻突击转化。转化过程中勤活动钻具，活动钻具时上下活动与转动交替进行。

（12）因故不能活动钻具时，若钻头在井底则把裸眼内的钻杆压弯曲使之与井壁成点接触。若钻头已离井底很远，则应每隔3min下放一段钻具，或用人力推大钳、链钳转动钻杆。

四、卡钻处理

1. 强力活动

压差卡钻随着时间的延长卡点会上移，所以在发现压差卡钻的最初阶段，就应在设备（特别是井架和悬吊系统）和钻柱的安全负荷以内尽最大的力量进行活动，遵照"井下复杂故障预防处理双十条"处理。

2. 降压法解卡

在条件允许时，可采用降低钻井液密度、减小压差的方法进行解卡。

3. 浸泡解卡剂

浸泡解卡剂是解除压差卡钻的最常用最重要的办法，解卡剂种类很多，广义上讲，包括原油、柴油、煤油、油类复配物、盐酸、土酸、清水、盐水、碱水等，他们的密度是自然密度，难以调整。狭义上讲，是指用专门物料配成的用于解除黏吸卡钻的特殊溶液，有油基的，也有水基的，他们的密度可以根据需要随意调整。如何选用解卡剂，要视各个地区的具体情况而定，低压井可以随意选用，高压井只能选用高密度解卡剂。江汉地区使用盐酸的效果好，柴达木地区使用饱和盐水的效果好，就大多数地区而言，还是选用油基解卡剂为好。

在浸泡解卡剂之前首先要测卡点位置和计算解卡剂用量。

1）测卡点位置

最准确的办法是利用测卡仪测量。但现场常用的办法是根据钻柱在一定的拉力下的弹性伸长来计算。依虎克定律可知，自由钻柱的伸长和拉力成正比、和钻柱的长度成正比、和钻柱的横截面积成反比、和钢材的弹性系数成反比，计算公式为：

$$V_j = \frac{F}{Tt} \tag{2-3}$$

移项后得 $\qquad\qquad L=EA\Delta x/P$

式中　L——自由钻柱的长度，m；

　　　P——自由钻柱所受的超过其自身悬重的拉力，kN；

　　　A——自由钻柱的横截面积，cm²；

　　　Δx——自由钻柱在 P 力作用下的伸长，cm；

　　　E——钢材的弹性系数：2.1×10^5MPa。

2）计算解卡剂用量

$$V=KV_1H_1+V_2H_2 \tag{2-4}$$

解卡后，用低档慢慢转动钻具。视解卡剂类型及井下情况决定是否替排完解卡剂，正常后起钻检查钻具，并按要求进行探伤。

4. 震击解卡

如果钻柱上带有随钻震击器，应立即启动上击器上击或启动下击器下击，以求解卡，这比单纯的上提、下压的力量要集中，见效也快得多。如果未带随钻震击器，可先测卡点位置，用爆松倒扣法从卡点以上把钻具倒开，然后选择适当的震击器（如上击器、下击器、加速器等）下钻对扣，钻具组合应是：对扣接头+安全接头+震击器+70~100m钻铤+钻杆。对扣后循环钻井液，调整钻井液性能，然后震击。

5. 套铣倒扣

1）套铣鞋的选择

（1）套铣岩屑是堵塞物或软地层时，一般选用带铣齿的铣鞋，在铣齿上堆焊或镶焊硬质合金，地层越软，铣齿越高，齿数越少。随着地层硬度的增加，则降低齿高，增加齿数，套铣效果会更好一些。

（2）修理鱼顶外径时，应选用研磨型铣鞋，铣鞋的底部和内径应镶焊硬质合金。

（3）套铣硬地层或铣切稳定器时，应选用底部堆焊内外两侧均镶有保径齿的铣鞋。

2）套铣管的选择

井眼与铣管的最小间隙为12.7~35mm，铣管与落鱼的间隙最小为3.2mm。

（1）Φ193.68mm套铣管适用于Φ215.9mm井眼，套铣Φ158.8mm钻铤和Φ127mm加

重钻杆及钻杆等。

（2）Φ206.4mm套铣管适用于Φ215.9mm井眼或Φ244.5mm井眼，套铣Φ177.8mm钻铤、Φ158.8mm钻铤及Φ127mm钻杆等。

（3）Φ219.1mm套铣管适用于Φ244.5mm井眼，套铣Φ177.8mm钻铤、Φ158.8mm钻铤及Φ127mm钻杆等。

（4）Φ273mm套铣管适用于Φ311.1mm井眼，套铣Φ228.8mm钻铤、Φ208mm钻铤、Φ177.8mm钻铤等。

3）套铣参数

套铣参数选择推荐，见表2-1。

表2-1　套铣参数推荐表

套铣管外径/mm	钻压/kN	排量/（L/s）	钻速/（r/min）
114.3~139.7	10~40	10~15	40~60
168.28~177.38	20~50	15~25	40~60
193.68~228.60	20~70	20~40	40~60
244.48~508.00	30~80	20~50	40~60

6. 侧钻

处理压差卡钻过程中往往会伴随坍塌卡钻等复合卡钻，套铣倒扣过程中，特别是深井定向井、水平井等复杂井况下，出现套铣过程中套铣筒折断、鱼头进不了铣鞋、井下坍塌、出水等复杂情况，考虑到综合成本，遵循经济原则，实施卡点以上填井侧钻。

7. 处理压差卡钻应注意的问题

压差卡钻处理不当，往往会引发别的故障，使故障复杂化，所以在处理的每个步骤都必须谨慎从事。

（1）强力活动钻具应在钻具设备安全负荷范围内，确保安全。

（2）采用降压解卡法时，应充分考虑井控、井壁稳定等井下因素。

（3）浸泡解卡剂，应依据卡钻地层特点确定解卡剂类型及配方。

（4）震击解卡应根据选用震击器的类型，确定合理的震击参数。应注意地面设备、人身安全。

压差卡钻发生后，要根据现场的具体情况采取相应的措施，具体问题要具体分析具体对待，不能一概而论。如钻头在井底，就不能采取下压或下砸的办法，只能上提或上击。如能循环钻井液，就要争取浸泡解卡剂，此时，最重要的是不能堵塞钻头水眼。

如果失去循环，就应立即采取井下爆炸的方法打开一条通路。如果爆炸筒也下不去，就应用油管或挠性管通开钻柱或钻头水眼。如果环形空间堵塞，那就只好采取其他办法了。压差卡钻推荐的处理程序，如图2-9所示。

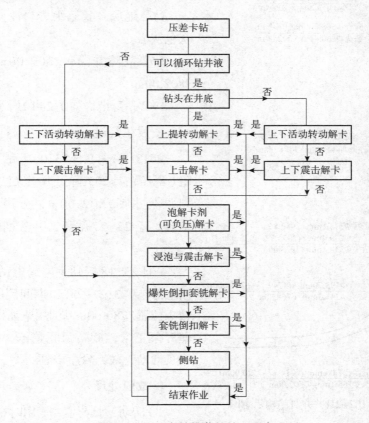

图2-9 压差卡钻推荐的处理程序

五、典型案例解析

案例一 YB102-2H井

1. 基础资料

（1）井型：四川盆地川东北一口五开制水平评价井。

（2）四开套管：Φ279.4mm×（0.00~995.91）m+Φ273.1mm×（995.91~2980.18）m+Φ279.4mm×（2980.18~4923.00）m。

（3）裸眼：Φ165.1mm钻头，钻深7802.00m。

（4）钻具组合：Φ165.1mm钻头+浮阀+Φ120.65mmDC×2根+Φ155mm键槽破坏器+Φ120.65mmDC×1根+Φ101.6mmDP×123根+Φ120mm液压震击器+Φ101.6mmDP×243根+Φ127mmDP×249根。

（5）钻井液性能：密度1.32g/cm³、黏度70s、滤失量3.4mL；钻井液体系：聚磺防卡

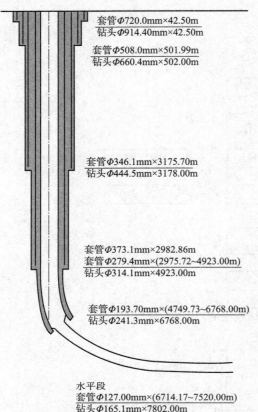

套管Φ720.0mm×42.50m
钻头Φ914.40mm×42.50m

套管Φ508.0mm×501.99m
钻头Φ660.4mm×502.00m

套管Φ346.1mm×3175.70m
钻头Φ444.5mm×3178.00m

套管Φ373.1mm×2982.86m
套管Φ279.4mm×(2975.72~4923.00m)
钻头Φ314.1mm×4923.00m

套管Φ193.70mm×(4749.73~6768.00m)
钻头Φ241.3mm×6768.00m

水平段
套管Φ127.00mm×(6714.17~7520.00m)
钻头Φ165.1mm×7802.00m

图2-10 YB102-2H井井身结构示意图

钻井液。

（6）地层：长兴组；岩性：微晶白云岩、灰色灰岩。

（7）故障井深：7802.00m；钻头位置：7802.00m。

（8）井身结构如图2-10所示。

2. 发生经过

2013年1月9日13:00下钻至7515.00m遇阻（下压钻具205t降至160t无法通过），18:30划眼至井底7802.00m，采用低黏切+稠浆举砂，至23:27循环钻井液期间不间断划眼5遍。

9日23:18接到供电局电话，通知23:30网电停电，23:27~23:29期间倒用柴油发电机，钻头位置7786.00m，倒用柴油机后，23:29立即开泵正常，旋转顶驱整停，多次上提下放钻具活动无效，发生卡钻。

3. 故障处理

1）活动钻具与震击（用时6.87h）

多次上下活动钻具，钻具正常悬重206t，上提最高至297t，下压钻具最小至65t；启动震击器多次上击与下击无效。同时，施加扭矩最大至23kN·m，上提钻具最高至250t，下压钻具最小至80t。循环钻井液，期间30min活动1次钻具，活动范围145~240t。

2）泡低密度烧碱水（用时11.47h）

泵入聚合物+烧碱水23.8m³，密度1.05g/cm³，黏度30s，利用其冲刷井壁、降低井底压差配合大范围活动钻具。泵入排量18~24L/s，泵压变化情况为22MPa升至26MPa降至19MPa升至25MPa，采取以下工程措施进行配合：

（1）烧碱水在钻具内下行期间，排量22~19L/s，泵压25~26MPa，控制悬重在70~273t之间上提下放钻具无效。

（2）烧碱水到达钻头时，排量21L/s，泵压20~22MPa，施加扭矩至21kN·m，活动钻具悬重范围85~273t，震击器双向震击工作正常，钻具未解卡。

（3）烧碱水在裸眼与小套管内上行时，排量21L/s，泵压22~19MPa，钻具内外静液柱压差最大为5MPa，控制悬重在80~312t范围内活动钻具无效。

（4）停泵，控制悬重在120~320t之间上下活动钻具，主要以上提为主。

（5）开泵，排量22~24L/s，泵压22~25MPa，同时施加扭矩至23kN·m，控制悬重在

70~270t之间多次活动钻具无效。

（6）烧碱水在大套管内上行与返出，排量21~24L/s，泵压21~25MPa，钻具内外静液柱压差为2MPa，因大吨位范围内反复活动钻具无效果，每隔30min变换悬重活动钻具1次，最大活动范围150~255t，主要以下压钻具循环为主。

（7）为确保钻具的完整性，测钻井液循环周。

（8）循环钻井液，排量15~21L/s，泵压14~23MPa，每隔1h变换吨位活动钻具1次，活动范围160~260t。

3）泡解卡剂

配制解卡剂，配方为20m³柴油+3.9t解卡剂+3m³水，密度0.90g/cm³，黏稠40s，总量26.5m³。浸泡11.48h。

（1）每隔1~2h顶通水眼1次，每次以7L/s排量泵入钻杆内。

（2）每隔1~2h活动钻具1次，活动钻具悬重范围50~340t。

（3）每隔4~6h施加扭矩活动钻具1次，扭矩至设置21~27kN·m，活动钻具范围50~325t。

（4）关井憋挤并配合震击，开泵憋入2.5m³钻井液，泄压后返出1.23m³钻井液，正挤入地层1.27m³解卡剂，立压9.8MPa，套压10.4MPa，1.2h后立压由9.8MPa降至5.3MPa，套压由10.4MPa降至6.2MPa；泄压开井后，施加扭矩25.6kN·m，钻具正转41圈，最大上提钻具至325t，最大下压钻具至80t，震击器上击工作吨位控制在260~280t，下击吨位控制在60~120t，震击未解卡，替出解卡剂。

4）泡酸

注入浓度26%的盐酸溶液15m³（盐酸+改性石棉），浸泡1.83h。下压钻具至70t，震击器下击悬重增大至76t，迅速上提钻具，同时施加扭矩至27kN·m，替浆46.5m³时井口失返，上提钻具至330t时突然解卡，悬重由330t降至202t，立即停泵，卡钻故障解除。随后快速上提钻具，进行强行起钻。

损失时间3.45d。

4. 原因分析

（1）井段7740.00~7802.00m为高渗低压气层，岩性为微晶白云岩、灰色灰岩，长兴组地层压力系数1.0~1.1，而钻井液密度为1.32g/cm³，最大井底压差为21.2MPa，压差过大是造成本次卡钻的主要原因。

（2）因停网电静止时间过长。

（3）按地质要求更改设计井眼轨道，井斜由89.3°提高至94.2°降至90.5°降至85.8°，水平段为稳–增–稳–降的波浪阶梯形轨迹，钻具在井眼中受力复杂，摩阻和扭矩大，是故障发生的重要原因。

（4）底部钻具组合为Φ165.1mm牙轮钻头+2根DC+Φ155mm键槽破坏器+1根DC，在水平段井眼中平躺于下井壁，钻具与井壁接触面积大，又因高渗地层井壁滤饼较厚，给压差卡钻提供了一定的条件。

5. 专家评述

（1）管理不到位，接到网电停电后没有采用应急处理措施。

（2）卡钻后，应分析岩性，采取注盐酸浸泡法。

案例二　YZ2井

1. 基础资料

（1）井型：西北油田分公司在麦盖提斜坡玉中构造带部署的一口五开制预探直井。

（2）一开套管：$\Phi365.1mm \times （0.00\sim2799.00）$m。

（3）裸眼：$\Phi333.38$mm钻头，钻深4983.60m。

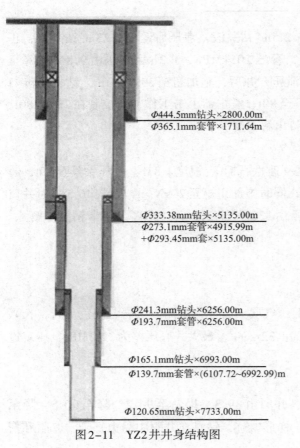

$\Phi444.5$mm钻头×2800.00m
$\Phi365.1$mm套管×1711.64m

$\Phi333.38$mm钻头×5135.00m
$\Phi273.1$mm套管×4915.99m
+$\Phi293.45$mm套×5135.00m

$\Phi241.3$mm钻头×6256.00m
$\Phi193.7$mm套管×6256.00m

$\Phi165.1$mm钻头×6993.00m
$\Phi139.7$mm套管×（6107.72~6992.99）m

$\Phi120.65$mm钻头×7733.00m

图2-11　YZ2井井身结构图

（4）钻具组合：$\Phi333.38$mmPDC+$\Phi244$mmLG×0°+$\Phi228.6$mmDC×1根+$\Phi331$球形扶正器×1只+$\Phi228.6$mmDC×2根+$\Phi203.2$mmDC×9根+$\Phi203.2$mm震击器×1只+$\Phi139.7$mmHWDP×9根+$\Phi139.7$mmDP。

（5）钻井液性能：密度1.75g/cm³、黏度56s、塑黏30mPa·s、动切7.5Pa、静切1.5/5.5Pa、pH值11、失水2.6mL、滤饼0.5mm、坂含24g/L、固含25%、含砂0.2%、Cl^-含量43000mg/L、Ca^{2+}含量220mg/L、K^+含量20000mg/L、高温高压失水9.2mL、泥饼摩阻系数0.0524、含油5.5%；钻井液体系：饱和盐水钻井液。

（6）地层：古近系沙井子组；岩性：灰色泥质粉砂岩。

（7）故障井深：4983.60m；钻头位置：4598.70m。

（8）井身结构如图2-11所示。

2. 发生经过

2018年2月25日6:00二开Φ333.38mm井眼开钻，4月30日1:00采用PDC钻头+螺杆复合钻进至井深4983.60m见石膏，循环处理钻井液至9:00，起钻准备简化钻具组合穿石膏层，30日11:05起钻至井深4598.70m，卸立柱后上提钻具遇卡，悬重由196t升至220t，下放钻具至吊卡坐于转盘面。立即接顶驱，上提至原悬重196t开顶驱，顶驱憋停，扭矩14.1kN·m，开泵循环，立压、返浆正常，随后带泵活动钻具，以下压为主，活动吨位25~220t，最大扭矩24.2kN·m，最大扭转11圈，钻具未活动开，发生卡钻故障。

3. 故障处理

（1）活动钻具。4月30日11:05~5:12循环、活动钻具：活动吨位40~220t，最大扭矩24.2kN·m，最大扭转11圈，开泵立压和返浆正常，未解卡。

（2）第一次浸泡解卡剂、活动钻具。配制密度1.77g/cm³，黏度60s解卡剂40m³，配方：柴油15.36m³+JKZ复合解卡剂4t+水10.28m³+重晶石粉47.56t。

5月1日5:12~5:45注解卡剂32m³，累计浸泡解卡剂17.5h，未解卡。

（3）循环降密度至1.65g/m³。5月2日0:00~15:00循环降密度由1.75g/cm³降至1.70g/cm³，5月3日0:00循环降密度至1.68g/cm³，11:00循环降密度至1.66g/cm³，无解卡迹象。循环降密度期间间断活动钻具，活动吨位40~196t，最大扭矩25kN·m。

（4）测卡点。测卡点位置为4237.00m。

（5）第二次泡解卡剂。5月4日21:50注解卡剂48.7m³，替浆至解卡剂出钻头38.7m³（环空返高至井深4145.00m），钻具内留10m³（解卡剂配方：柴油22.5m³+有机土0.05t+WFA-1解卡剂6t+清水13.2m³+重晶石60t+快T 2t），累计浸泡解卡剂15.67h，钻具未解卡。

（6）循环降密度至1.54g/cm³。5月6日20:00循环降密度至1.55g/cm³到21:15静止观察，21:15~4:15循环观察无异常后继续降密度至1.54g/cm³，4:15~6:15静止观察，至23:00循环处理钻井液，无效。

（7）第三次泡解卡剂。5月8日0:10~0:30注强碱钻井液30m³（浓度5%、密度1.54g/cm³）无效。

4:40注密度1.65g/cm³、黏度44s低黏钻井液20m³，4:57注密度1.54g/cm³、黏度165s高黏钻井液15m³，至8:15循环排出强碱钻井液。

9:05注解卡剂73m³。配制解卡剂83m³，入井73m³，排量41L/s，立压16.3MPa，解卡剂配方：（①柴油18.5m³+解卡剂5t+水13.5m³+改性聚合醇2t+重晶石39t；②柴油14.5m³+解卡剂3t+水11m³+改性聚合醇1t+重晶石33t）至9:20替井浆20m³，11:20上提至180t，扭转钻具至扭矩35kN·m，再下放钻具至悬重120t时悬重突然上升至195t，启动顶驱转动正常，钻具解卡。

损失时间8.01d。

4. 原因分析

1）主要原因

操作不当，卸立柱前有遇阻显示，在钻具未活动开的情况下拆卸立柱是造成本次压差卡钻的主要原因。

2）重要原因

（1）钻井液密度偏高、压差大，钻进期间为下步钻开膏、盐层，钻井液密度达到1.75g/cm³，而设计地层压力为1.15~1.4g/cm³，存在严重正压差。

（2）地层渗透性强，钻进期间每天渗透损失钻井液量较大，造成井壁存在虚厚滤饼，增加钻具和井壁接触面积，加大黏卡风险。

（3）措施执行不到位，前期起钻过程中，通过静止测试启动摩阻较小的情况下，卸立柱后，在钻具坐卡期间未开转盘。

（4）遇卡初期判断不够准确，在上提遇阻后，未第一时间下放钻具，开转盘。而是反复两次上提下放活动钻具，增加了钻具静止时间。

5. 专家评述

（1）故障机理分析不到位，第一次实施浸泡解卡法，在没有测卡点情况下盲目注解卡剂，且解卡剂数量不足，密度没有降到位。第二次实施浸泡解卡法，虽然测出了卡点位置，同样存在解卡剂数量不足，密度没有降到位。

（2）第三次实施浸泡解卡法降低了密度注入足够的解卡剂，降低了压差，成功解卡。

案例三 MJ1井

1. 基础资料

（1）井型：四川盆地川西凹陷广汉—中江斜坡带马井构造的一口四开制预探直井。

（2）三开套管：Φ193.7mm×（3880.98~6102.00）m

（3）裸眼：Φ165.1mm钻头，钻深6299.00m。

（4）钻具组合：Φ165.1mm牙轮钻头+打捞杯+回压凡尔+Φ120.7mmDC×8.93m+Φ162mm扶正器+Φ120.7mmDC×9.03m+Φ162mm扶正器+Φ120.7mmDC×8.71m+Φ162mm扶正器+Φ120.7mmDC×125.42m+Φ120.7mm震击器×9.69m+旁通阀+Φ101.6mmHWDP×280.46m+Φ101.6mmDP×2579.57m+Φ139.7mmDP。

（5）钻井液性能：密度1.58g/cm³、黏度57s，pH值11、失水1.6mL、滤饼0.5mm、固含28%、坂含21g/L、初切/终切4/11Pa、动切力11Pa、塑黏26mPa·s、高温高压

11.2MPa/140℃；钻井液体系：钾基聚磺钻井液。

（6）地层：三叠系中统雷口坡组四段；岩性：微晶白云岩、灰色灰岩。

（7）故障井深：6272.05m；钻井位置：6272.05m。

（8）井身结构如图2-12所示。

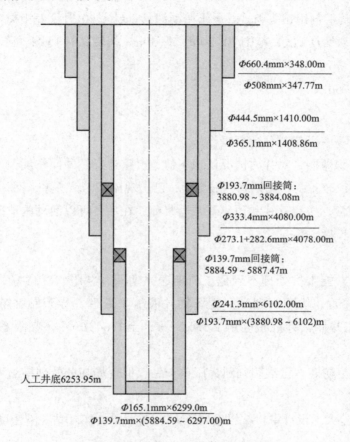

Φ660.4mm×348.00m

Φ508mm×347.77m

Φ444.5mm×1410.00m

Φ365.1mm×1408.86m

Φ193.7mm回接筒：
3880.98～3884.08m

Φ333.4mm×4080.00m

Φ273.1+282.6mm×4078.00m

Φ139.7mm回接筒：
5884.59～5887.47m

Φ241.3mm×6102.00m

Φ193.7mm×（3880.98～6102）m

人工井底6253.95m

Φ165.1mm×6299.0m

Φ139.7mm×（5884.59～6297.00）m

图2-12 MJ1井井身结构示意图

2. 发生经过

下3个扶正器钻具组合通井至井深6270.80m准备接立柱接顶驱，8：03接完立柱顶驱后下放钻具至井深6272.05m（钻具下行1.25m），悬重185t降至176t升至194t。8：03启动泵，至8：09立压由0MPa升至7.5MPa，出口返浆后启动顶驱，扭矩0kN·m升至7.4kN·m整停顶驱，上提悬194t升至206t未活动开，排量20L/s，立压22～23MPa，发生卡钻故障，钻头井深6272.05m（钻头距离井底26.95m）。

3. 处理过程

（1）震击活动钻具。

卡钻发生初期利用随钻震击器震击活动，活动范围40～240t，间断强扭转18圈，扭矩18kN·m。以下压为主活动，活动范围50~190t，每次下压至50t静止10min，每20min正转15圈/次，扭矩18kN·m，期间循环调整钻井液密度至1.58g/cm³。

（2）浸泡解卡剂。

注解卡剂17.5m³（配方：柴油13m³+3tRJT解卡剂+6m³清水+25tBaSO₄重晶石粉），替浆36.72m³，解卡剂出钻头4m³。下压活动钻具，悬重40t升至194t解卡（浸泡解卡剂期间每15min活动钻具1次，范围40~200t，每30min扭转钻具15圈，静止2min），浸泡时间2.5h。

损失时间2.76d。

4. 原因分析

1）直接原因——关键岗位违规操作

司钻安全意识薄弱，对井内情况认识不清，严重违反钻井操作规程。接立柱用时近4min，此时摩阻已较正常下钻期间明显增大，已出现压差卡钻迹象，而司钻意识不到位，未能够观察到异常，接完立柱和顶驱开泵返浆前，在钻具可以活动的情况下未及时活动钻具，静止时间长达5.5min。

2）间接原因

（1）钻井液性能维护处理不到位。前期通井期间，井眼状况良好，完钻电测、单扶、双扶、三扶通井均顺利到底。现场钻井液疏于处理，导致钻井液性能恶化、滤饼质量变差。完井后钻井液密度由1.58kN·m升至1.64g/cm³，黏附系数由0.12升至0.169。

（2）故障发生初期，已准确判断为压差卡钻，但现场初期处理措施不合理，耽误了处理最佳时机。

（3）井内压差大。设计雷口坡组地层压力1.15g/cm³，实际钻井液密度1.64g/cm³，压差高达29.8MPa。

5. 专家评述

（1）卡钻是下钻过程发生，钻具以上提钻具为主，考虑钻具的抗拉强度，以钻具最大抗拉强度的80%上提钻具，不能以下压为主，本井在活动钻具处理时以下压为主是不科学的。

（2）钻头进裸眼只有160.00m，不应该发生卡钻，可能是钻井液性能太差造成了黏卡，钻井液性能维护处理是安全钻井的关键，在整个钻井作业期间不能松懈，尤其是完钻后，钻井液性能高温高压下更易恶化，不能抱有侥幸心理甚至不考虑钻井液性能。

（3）要根据实钻情况合理调节钻井液密度，在维护井眼稳定、井控安全的前提下，尽量减少压差，降低压差卡钻风险。

第三节 坍塌卡钻

坍塌卡钻是井壁失稳造成的，如图2–13所示，是卡钻故障中性质最为恶劣的一种故障，因为处理这种故障的工序最复杂，耗费时间最多，风险性最大，甚至有全井或部分井眼报废的可能，所以在钻井过程中应尽量避免这种故障的发生。

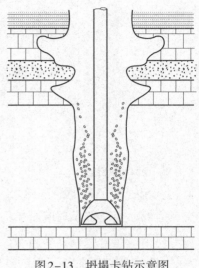

图2–13 坍塌卡钻示意图

一、地层坍塌的原因

造成井壁失稳有地质方面的原因、物理化学方面的原因和工艺方面的原因，就某一地区或某一口井来说，可能是以其中的某一项因素为主，但绝大多数井是综合因素造成的。

1. 地质方面的原因

1）原始地应力

地壳在不断运动之中，不同部位形成不同的构造应力（挤压、拉伸、剪切），当这些构造应力超过岩石本身的强度时，便产生断裂而释放能量。但当这些构造应力的聚集尚未达到足以使岩石破裂的强度时，是以潜能的方式储存在岩石之中；当遇到适当的条件时，就会表现出来。因此，在地层中任何一点的岩石都受到来自各个方向的应力作用，为简便起见，把它分解为三轴应力（图2–14），即垂直应力（上覆岩层压力）σ_V、两个水平应力σ_H（最大水平应力）和σ_h（最小水平应力），通常这两个水平应力是不相等的，当井眼被钻穿以后，钻井液液柱压力代替了被钻掉的岩石所提供的原始应力，井眼周围的应力将被重新分配，被分解为周向应力，径向应力和轴向应力在斜井中还会产生一个附加的剪切应力。当某一方向的应力超过岩石的强度极限时，就会引起地层破裂，何况有些地层本来就是破碎性地层或节理发育地层。虽然井筒中有钻井液液柱压力，但不足以平衡地层的侧向压力，所以，地层总是向井眼内剥落或坍塌。

2）地层构造状态

处于水平位置的地层其稳定性较好，但由于构造运动，发生局部的或区域的断裂、褶皱、滑动和崩塌、上升或下降，使本来水平的沉积岩变得错综复杂，大多数地层都保持一定的倾角，随着倾角的增大，地层的稳定性变差，60°左右的倾角，地层的稳定性最差。

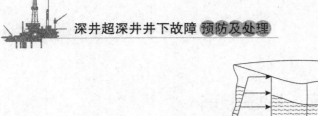

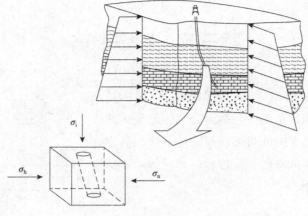

图2-14 原始地应力示意图

3）岩石的性质

沉积岩中最常见的是砂岩、砾岩、泥页岩、石灰岩等，还有火成侵入岩如凝灰岩、玄武岩等。由于沉积环境、矿物组分、埋藏时间、胶结程度、压实程度不同而各具特性。钻遇以下这些岩层时容易坍塌：

（1）未胶结或胶结不好的砂岩、砾岩、砂砾岩。

（2）破碎的凝灰岩、玄武岩。因岩浆侵入地层后，在冷却的过程中，温度下降，体积收缩，形成大量的裂纹，这些裂纹有些被方解石充填，大部分未被充填，其性质和未胶结的砾石差不多。泥页岩在沉积过程中，横向的连续性很好，但成岩之后，由于构造应力的拉伸、剪切作用，会形成许多纵向裂纹，失去了它的完整性。

（3）断层形成的破碎带。断层附近不论什么地层，都容易形成破碎。

（4）未成岩的地层，如煤层、流沙、黏土、淤泥等。

4）泥页岩孔隙压力异常

泥页岩是有孔隙的，在成岩过程中，由于温度、压力的影响，使黏土表面的强结合水脱离成为自由水，如果处于封闭的环境中，多余的水排不出去，就在孔隙内形成高压。一些生油岩生成的油气运移不出去，也会在孔隙和裂缝中形成高压。钻井时，如果钻井液液柱压力小于地层孔隙压力，孔隙压力就要释放。如果孔隙或裂缝足够大且有一定的连通性，这些流体就会涌入井内，如江汉油田、胜利油田发现的泥页岩油气藏就是这样形成的。如果泥页岩孔隙很小，渗透率很低，当压差超过泥页岩强度时，也会把泥页岩推向井内。若泥页岩孔隙里是高压气体，泥页岩就会被崩散，落入井内。

5）高压油气层的影响

泥页岩一般是砂岩油气层的盖层和底层，或者与砂岩交互沉积而成为砂岩的夹层。如果这些砂岩油气层是高压的，井眼钻穿之后在压差的作用下，地层的能量就沿着阻力最小的砂岩与泥页岩的层面而释放出来，使交界面处的泥页岩坍塌入井。

2. 物理化学方面的原因

石油天然气钻井多是在沉积岩中进行，而沉积岩中70%以上是泥页岩。泥页岩都是亲水物质，一般都含有蒙脱石、伊利石、高岭石、绿泥石等黏土矿物，此外，还含有石英、长石、方解石、石灰石等。不同的泥页岩其水化程度及吸水后的表现有很大的不同。据此可以把泥页岩分为易塌泥页岩、膨胀泥页岩、胶态泥页岩、塑性泥页岩、剥落泥页岩、脆碎泥页岩等。经大量研究发现，泥页岩中的黏土含量、黏土成分、含水量及水分中的含盐量对泥页岩的吸水及吸水后的表现有密切关系。泥页岩中黏土含量越高、含盐量越高、含水量越少则越易吸水水化。蒙脱石含量高的泥页岩易吸水膨胀，绿泥石含量高的泥页岩易吸水裂解、剥落。值得注意的是井眼钻开之后不仅引起原始地应力的重新分配，而且由于钻井液滤液的侵入，黏土内部会发生新的变化，产生新的应力，如孔隙压力、膨胀压力等，削弱了黏土的结构。泥页岩吸水后强度将直线下降，这是造成坍塌的主要原因。泥页岩与水的作用机理主要有以下几种。

1）水化膨胀

（1）表面水化。黏土表面带有负电荷，可吸收水分子。首先以单分子层吸附在黏土表面上，降低了黏土体系的表面能，并把单层分开使其间距增大。当四层水进入蒙脱石的晶层间时，其体积可增加一倍。这样就减少了颗粒间的引力，使黏土的抗剪强度下降，含水量越多，粒子间的引力越小。同时水分子上所黏结的氢原子与黏土硅层的氧原子化合为水分子，更增强了黏土的表面水化作用。黏土的水化能力和黏土颗粒的表面积成正比，不同岩石的表面积差别很大，如蒙脱石为810m²/g，干净的石英砂岩为0.01m²/g。表面积越大，水化程度越高。这样，就使泥页岩的膨胀系数增大，而抗压强度降低。

（2）离子水化。黏土中的阳离子可与钻井液中的阳离子进行交换，这种可交换的阳离子表面形成水化膜而引起离子水化。离子交换能力与可交换阳离子（Al^{3+}、Fe^{3+}与Si^{4+}交换，Mg^{2+}、Fe^{2+}与Al^{4+}交换）的含量与其所处位置以及可发生交换的补偿离子的类型有关，伊利石中含有的补偿阳离子为蒙脱石的3~6倍，且靠得比较近，与晶格中心的负电荷有较大的吸引力，使之难以发生交换。交换能力大的钠蒙脱石能同时发生表面水化和离子水化。滤液中的OH^-会促使黏土表面层中的H^+解离，也可靠H^+直接吸附于黏土表面，使黏土表面负电荷增多，水化能力增强，膨胀压力增大，所以，高pH值不利于防塌，而碳酸根和硫酸根的水化作用相对较弱；在OH^-浓度相同时，一价的K^+、NH_4^+水化能力比Na^+低，故具有较好的抑制水化膨胀作用，因此控制钻井液的pH值，尽量降低钻井液中的OH^-和Na^+的含量，对于防止泥页岩的水化分散具有一定作用。离子水化也受表面水化压力的影响。表面水化压力P_s为上覆岩层压力P_o与孔隙压力P_p之差，即：

$$P_s = P_o - P_p$$

（2-5）

若上覆岩层平均密度取 2.31g/cm³，地层水的密度取 1.05g/cm³，井深 3000.00m 时泥页岩的水化压力：P_s =0.01 × 3000 × （2.31~1.05）=37.8MPa。

（3）渗透水化。主要是由于泥页岩中的电解质的浓度高于钻井液中的电解质浓度，水分子由电解质较低的钻井液渗入到电解质浓度较高的泥页岩中。同理，如果钻井液中的电解质浓度高于泥页岩中的电解质浓度，则泥页岩中的水向钻井液渗透，从而使泥页岩脱水。通常钻井使用的是淡水钻井液或低矿化度钻井液，水分总是由钻井液向地层渗透，当两者离子浓度相差很大时，渗透水化可以形成很高的渗透压，并且渗透水化是在泥页岩内部进行，它对井壁稳定有很大的破坏作用。

由于渗透作用的进行，使黏土表面的阳离子形成双电层，双电层的斥力可使晶层进一步推开，黏土体积将发生很大的变化，如蒙脱石体积可增加25倍。渗透作用引起的膨胀程度与交换性阳离子种类有密切关系，不同的交换性阳离子造成层间距离的不同。

当泥页岩出现屈服时，其渗透率将明显增加，致使水力流动速率和钻井液压力渗透速率提高，因此，由流体渗透诱发的泥页岩破坏是一个自行加速的过程，要靠外界的压力来平衡这个渗透压且消除渗透作用是很困难的，只有用化学的方法，使钻井液与泥页岩中水的矿化度相同或化学位相同，才能阻止渗透作用的进行。

一个体系的化学位可用以式（2-6）表示：

$$U-U_0=R \cdot T \cdot \ln A_w \tag{2-6}$$

式中 U——某体系的化学位；

U_0——纯水的化学位；

R——气体常数；

T——绝对温度；

A_w——该体系的活度。

如用 U_1 代表钻井液的化学位，U_2 代表泥页岩的化学位，A_{w1} 代表钻井液的活度，A_{w2} 代表泥页岩中水的活度，则可得泥页岩与钻井液间的化学位差：

$$U_2-U_1=R \cdot T \cdot \ln（A_{w2}/A_{w1}） \tag{2-7}$$

由式（2-7）可以看出，当两者活性相同时，$\ln（A_{w2}/A_{w1}）$=0，则 $U_2=U_1$，则其化学位也相等，渗透作用不再发生。

然而，一口井钻遇多层泥页岩，自上而下各层泥页岩的沉积时代不同、沉积环境不同，其含水量和水的矿化度也不可能相同，以一种矿化度钻井液去对付不同矿化度的泥页岩，而求其活度平衡是不可能做到的，而且每层泥页岩的真实矿化度也很难求得。所以有些学者提出，应使钻井液的矿化度高于泥页岩的矿化度，宁可使泥页岩中的水向钻井液中转移，不可使钻井液中的水向泥页岩转移，这样做还可以降低泥页岩的孔隙压力，增加泥页岩的结构强度，对防止泥页岩坍塌来说并无不利之处。

假若表面水化压力和渗透水化压力的作用方向相同，则可发生数十兆帕的水化压力，单纯提高钻井液密度无法与之抗衡。低渗透泥页岩的扩散是一种比达西流更突出更快的过程，水的浸入会使井眼周围延伸区的孔隙压力增大，孔隙压力扩散前沿超过离子扩散前沿，钻井液滤液浸入前沿滞后于离子扩散前沿，也就是说，每天浸入水几毫米，离子扩散每天就要超过几厘米，而压力扩散每天则要超过几分米。

地下泥页岩水化后可产生很大的膨胀压力，而膨胀压力又增加了井眼周围的圈闭应力，若使圈闭应力超过了泥页岩的屈服强度，井眼稳定性便下降。膨胀又使泥页岩体积增大，向压力小的方向扩展，因而使井眼缩径，或被循环液冲刷而垮塌入井。

2）流体静压力

当钻井液的液柱压力高于泥页岩的孔隙压力，钻井液滤液会在正压差的作用下进入地层，增大地层的孔隙压力，而且引起地层层面水化，强度降低，裂缝裂解加剧。滤液进入越深，裂缝的裂解越严重，泥页岩的剥落、坍塌越厉害。但流体静压力又是井壁围压的一种平衡力，也是一种反膨胀力。所以流体静压力对井壁稳定来说，既有正面效应，也有负面效应，我们应当尽量发挥它的正面效应，克服它的负面效应。比较理想的办法是降低钻井液的滤失量，提高滤液的黏度，滤液的黏度越大，越有利于封堵微细裂缝，阻止或减缓毛细管作用和渗透作用的进行。

综上所述，只要使用水基钻井液，只要有水的存在，就有泥页岩的水化膨胀坍塌问题。泥页岩的水化膨胀压力是时间的函数，如图2-15所示，泥页岩吸水后要经过一段时间，膨胀压力才会显著上升。当膨胀压力达到一定程度后就形成一次坍塌，坍塌之后，又有新的泥页岩表面暴露出来，和钻井液中的水接触，又重复前一过程，又形成第二次、第三次坍塌如此反复不已，所以加快钻井速度，争取在泥页岩大规模坍塌之前把井完成是最经济最有效的方法。

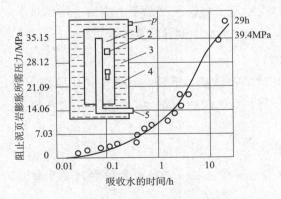

图2-15 泥页岩吸水膨胀试验

1—泥页岩；2—应变测量；3—液压油；4—不渗透外壳；5—注入水（0.7MPa）

3. 工艺方面的原因

地层的性质及地应力的存在是客观事实，不可改变。所以只能从工艺方面采取措施防止地层坍塌，如果对坍塌层的性质认识不清，工艺方面采取的措施不当，也会导致坍塌的发生。

1）钻井液液柱压力不能平衡地层压力

基于压力平衡的理论，首先必须采取适当的钻井液密度，形成适当的液柱压力，这是对付薄弱地层、破碎地层及应力相对集中地层的有效措施。但增加钻井液密度也有两重性，一方面钻井液密度高了有利于增加对井壁的支撑力，另一方面它又会导致钻井液滤液进入地层，增大地层的孔隙压力，增大黏土的水化面积和水化作用，从而使其降低稳定的正压力。在这种情况下，断层或裂缝将释放剪切力而发生横向位移，使井眼形状发生变化，也可使已碎裂的地层滑移入井。另外，钻井液密度的确定，也受其他因素的影响。

如渝东南利川−武隆复向斜武隆向斜火炉次洼北翼的隆页 3HF，钻井液密度小于 1.60g/cm^3，顺北 5−3 井奥陶系鹰山组，钻井液密度小于 1.45g/cm^3，都发生了恶性坍塌。

2）钻井液体系和流变性能与地层特性不相适应

钻井液的排量大、返速高、呈紊流状态，利于携砂，但容易冲蚀井壁岩石，引起坍塌，特别是在某一井段长期循环，很容易形成大井径。但是，如果钻井液排量小、返速低、呈层流状态，某些松软地层又极易缩径。在已经发生坍塌的情况下，又需要增大排量和返速，否则不足以将塌块带出。高黏度、高切力、低失水钻井液有助于防塌，也有利于携带岩屑，但不利于提高钻速。应对现场发生的情况，进行具体分析，找出矛盾的主要原因，才能采取针对性的对策。

3）井斜与方位的影响

在同一地层条件下，直井比斜井稳定，而斜井的稳定性又和方位角有关系，位于最小水平主应力方向的井眼稳定，位于最大水平主应力与最小水平主应力中分线的井眼比较稳定，而位于最大水平主应力方向的井眼最不稳定。

4）钻具组合的影响

为了保持井眼垂直或稳斜钻进，下部钻具往往采用刚性组合，但如钻铤直径太大、扶正器过多，下部钻具与井眼之间的间隙太小，起下钻时很容易产生压力激动，导致井壁不稳。

5）钻井液液面下降

（1）起钻时不灌钻井液或少灌钻井液，或者虽然名义上灌了钻井液，却未将钻井液灌入井中。

（2）下钻具或下套管时下部装有回压阀，但未及时向管内灌钻井液，以致回压阀挤毁，环空钻井液迅速倒流。

（3）井漏。这些情况都会使环空液柱压力下降，使某些地层失去支撑力而发生坍塌。

6）压力激动

如开泵过猛，下钻速度过快，易形成压力激动，使瞬间的井内压力大于地层破裂压力而压裂地层，起钻速度过快，易产生抽吸压力，抽吸力和钻井液黏度、切力、下部钻具结构和起钻速度有直接关系，一般情况下相当于减少钻井液密度0.10~0.13g/cm^3，但是在有钻头泥包或扶正器泥包的情况下，抽吸力是相当大的，使井内压力低于地层坍塌压力，促使地层过早的发生坍塌。在起下钻过程中通过井眼破坏区域时，由于钻具的扰动，也可以造成坍塌。

7）溢流引起井塌

发生溢流后，一方面由于油气水的混入，钻井液液柱压力降低，一方面由于油气流的冲刷，破坏了井壁滤饼，也破坏了井眼周围结构薄弱的岩层。

8）气体钻井对井壁影响

气体对井壁支撑力最低，从井壁力学方面促使井壁不稳定，尤其是有水层、水敏感地层同时存在时易发生井眼不稳。

在钻井过程中，轻微的井塌是经常出现的，从返出井口的岩屑中可以看出，会有20%~40%的岩屑不是新钻岩屑而是坍塌碎屑。从电测井径的数据也可以看出，井径扩大的现象是普遍存在的，而扩大的井段主要是泥页岩井段。不过，这种轻微的坍塌不会给钻井施工造成困难。但是若遇到裂缝发育而吸水性又强的泥页岩，在短期内就会形成大规模的坍塌，裸露一层，剥蚀一层，连续不断，以致使钻井作业无法进行，甚至埋死钻具，造成坍塌卡钻，是非常严重的问题。

二、井壁坍塌的特征

1. 钻进过程中发生坍塌

如果是轻微的坍塌，则使钻井液性能不稳定，密度、黏度、切力、含沙量要升高，返出钻屑增多，可以发现许多棱角分明的片状岩屑。如果坍塌层是正钻地层，则钻进困难，泵压上升，扭矩增大，钻头提起后，泵压下降至正常值，但钻头放不到井底。如果坍塌层在正钻层以上，则泵压升高，钻头提离井底后，泵压仍不能恢复，且上提下放阻卡，甚至井口返出流量减少或失返。

2. 起钻时发生井塌

正常情况下，起钻时不会发生井塌。但在发生井漏后，或在起钻过程中未灌钻井液或少灌钻井液则随时有发生井塌的危险。井塌发生后，上提下放阻卡，而且阻力越来越大，但阻力不稳定，忽大忽小。钻具也可以转动，但扭矩增加。开泵时泵压上升，悬重下降，井口流量减少甚至不返，停泵时有回压，起钻时钻杆内反喷钻井液。

3. 下钻发生井塌

井塌发生后，由于钻井液的悬浮作用，塌落的碎屑没有集中，下钻时可能不遇阻，当钻头未进入塌层以前，开泵泵压正常，当钻头进入塌层以后，则泵压升高，悬重下降，井口返出流量减少或不返，但当钻头一提离塌层，则一切恢复正常。向下划眼时，虽然阻力不大，扭矩也不大，但泵压忽大忽小，有时会突然升高，悬重也随之下降，井口返出的流量也忽大忽小，有时甚至断流。从返出的岩屑中可以发现新塌落的带棱角的岩块和经长期研磨而失去棱角的岩屑。

4. 划眼情况不同

如果是缩径造成的遇阻（岩层蠕动除外），经一次划眼即恢复正常，如果是坍塌造成的遇阻，划眼时经常憋泵、整钻，钻头提起后放不到原来的位置，越划越浅，比正常钻进要困难得多。还有可能会划出一个新井眼，丢失了老井眼，使井下情况更加复杂化。

三、井壁坍塌的预防

1. 合理的井身结构设计

（1）表层套管应封掉上部的松软地层，因为这些地层最容易坍塌，对钻井液液柱压力的反应最灵敏。经常发现电测仪器在表层套管鞋附近下不去，就是因为表层套管下的太少，地层不稳定造成的。

（2）明显的漏层如古潜山风化壳、石灰岩裂缝溶洞，其上部应用套管封隔。因为钻遇这些地层，往往是钻井液有进无出，必然会引起上部地层的大段坍塌。所以地质录井工作必须做细，一般钻入风化壳不许超过3.00m。

（3）同一裸眼井段内不能让喷、漏层并存。因为防喷则漏，防漏则喷，无论喷、漏，都会引起地层坍塌。

（4）要尽量减少套管鞋以下的口袋长度。一般要求以1.00~2.00m为宜。因为较长的口袋是下部岩屑的储藏所，同时也容易引起水泥块掉落。

2. 钻井液体系与性能

（1）对于未胶结的砾石层、砂层，应使钻井液有适当的密度和较高的黏度和切力。

（2）对于应力不稳定的裂缝发育的泥页岩、煤层、泥煤混层，应使钻井液有较高的密度和适当的黏度和切力，并尽量减少滤失量。这样，一方面减少或防止地层的坍塌，一方面也可以把坍塌的岩块携带到地面，防止岩屑沉淀堆积成砂桥。在钻遇应力不稳定地层之前将钻井液密度提上去，以防止井壁失稳，一旦发生坍塌之后，再去抑制失稳的地层所需钻井液的密度要高得多。

（3）要控制钻井液的pH值为8.5~9.5，可以减弱高碱性对泥页岩的强水化作用。

（4）根据地层特性和井眼稳定要求，采用混油或油基钻井液，混油的方法包括混入原油、柴油或白油。因为泥页岩都是亲水的，而非亲油的，混入油类后会降低黏土的吸附力，因而可以抑制膨胀。据试验，纯甘油浓度为10%、20%、30%的溶液可以分别把泥页岩的膨胀率降低36%、52%、57%，这是因为甘油溶液的高黏度和非离子型，不能和黏土产生离子交换作用。

（5）适当的提高钻井液的矿化度，使之与泥页岩中水的矿化度相当或稍高，减少渗透压，降低井壁处泥页岩的含水量和孔隙压力，使泥页岩强度增加。

（6）促进有利于泥页岩稳定的离子交换作用，泥页岩中的Na^+是引起黏土水化的主要根源，如果在钻井液中引进K^+、Ba^{2+}、Ca^{2+}、Fe^{3+}、Al^{3+}、Si^{4+}等离子，与泥页岩中的Na^+进行交换，可以有效降低泥页岩的膨胀压，并能与泥页岩组分发生化学反应，来增加泥页岩的胶结力。

3. 采取适当的工艺措施

1）保持钻井液液柱压力

（1）起钻时要连续的或定时的向井内灌入钻井液，保持井口液面不降或下降不超过5.00m。

（2）停工时，会有渗透性漏失。测井时，电缆也占有一定的体积，因此都必须定时的向井内补充钻井液。

（3）钻柱或套管柱下部装有回压阀时，要定期地向管柱内灌入钻井液，每次必须灌满，防止回压阀挤毁，而使钻井液倒流，把井壁抽垮。

（4）如管内外压力不平衡，停泵后立管有回压，不能放回水，也不能卸方钻杆接单根。因为，这样会使环空液体倒流，环空液柱压力下降。

2）减少压力激动

（1）控制起钻速度，特别是在有钻头泥包或扶正器泥包的情况下，上起钻柱时，井口液面不降或外溢，这是很危险的情况，应停止起钻，循环钻井液，采取措施，消除泥包。如果消除不了，应边循环边起钻，起过小井径井段后，再正常起钻。

（2）下钻后及接单根后开泵不宜过猛，应先小排量开通，待泵压正常后再逐渐增加排量，中间不可停泵。如果小排量顶不通，泵压上升或下降，井口不返钻井液，证明是地层坍塌或漏失，一旦发生漏失，不可继续挤入，一般的经验数据漏失量不超过5m³。

3）保护薄弱地层

对于结构薄弱或有裂缝的地层，钻进时要限制循环压力，以免压漏地层。起下钻通过这些层时要严格控制速度，减少对地层的外力干扰。

4）不可长期停止循环

如因故停钻，钻井液在井内静止的时间不可过长。如JPH-421井在二叠系石千峰组、石盒子组泥岩与粉砂岩互层地层，钻井液在裸眼内静止超过48h，发生井塌。顺北评1H在奥陶系塔塔埃尔塔格组同样也是由于钻井液在裸眼内静止超过70h而发生了井塌，其他地区因沉积环境、地层岩性不同，需要在实际工作中摸索经验。

5）负压钻进时，控制适当的负压值

负压钻进时，液柱压力不能小于裸眼井段某些地层的坍塌压力，否则，应将这些地层用套管封隔掉。

四、卡钻处理

坍塌卡钻以后，可能有两种情况：一种是可以小排量循环，一种是根本建立不起循环。

1. 采取措施建立循环

如果能建立小排量循环，应控制进口流量与出口流量的基本平衡。在循环稳定之后，逐渐提高钻井液的黏度和切力，以提高它的携砂能力，然后逐渐提高排量，争取把坍塌的岩块带到地面，通过循环促使解卡，若不能解卡，可采取浸泡解卡剂、套铣等方法解卡。

2. 如果不能建立循环，应考虑套铣倒扣等方法进行处理

（1）松软地层套铣倒扣宜采用长套铣筒，或者采用带公锥或打捞矛的左旋螺纹长筒套铣，使套铣与倒扣一次完成，以加快故障处理进度。

（2）深部较硬地层宜减少套铣筒长度，套铣至稳定器时，下入震击器震击解卡。

（3）若要套铣稳定器，也不能全面套铣，应套铣扶正条根部，剥离的扶正条仍在井内，待钻铤倒出后，再磨铣打捞。

3. 侧钻

如套铣过程中出现套铣管折断或套铣时套铣鞋难以套入鱼头，特别是深井、超深井起下钻时间长、套铣成功率低，考虑综合经济原则应实施填井侧钻。

图2-16是推荐的坍塌卡钻处理程序。

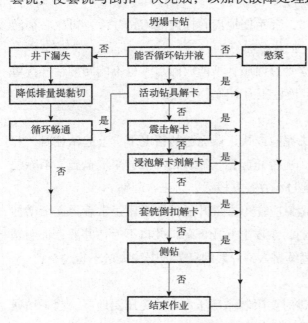

图2-16　坍塌卡钻推荐处理程序图

五、典型案例解析

案例一 SHB1-12井

1. 基础资料

（1）井型：塔里木顺托果勒低隆北缘构造上的一口四开制评价直井。

（2）一开套管：Φ339.7mm×（0.00~999.06）m。

（3）裸眼：Φ311.2mm钻头，钻深4452.00m。

（4）钻具组合：Φ311.2mm牙轮钻头+Φ228.6mmDC×1根+Φ203.2mmDC×9根+Φ203mm随钻震击器+Φ203.2mmDC×2根+Φ139.7mmHWDP×5根+Φ139.7mmDP×222根+回压凡尔+Φ139.7mmDP。

（5）钻井液性能：密度1.24g/cm³、黏度47s、塑黏19mPa·s、动切6Pa、静切2/5Pa、失水3.8mL、滤饼0.5mm、含砂0.1%、pH值9、高温高压失水10.6mL、固含9.8%、坂含33g/L、泥饼摩阻系数0.096、Cl⁻含量25000mg/L、K⁺含量14700mg/L，钻井液体系：氯化钾−聚合物钻井液。

（6）故障地层：三叠系中统阿克库勒组；岩性：砂泥岩互层。

（7）故障井深：3793.44m；钻头位置：3793.44m。

（8）井身结构如图2-17所示。

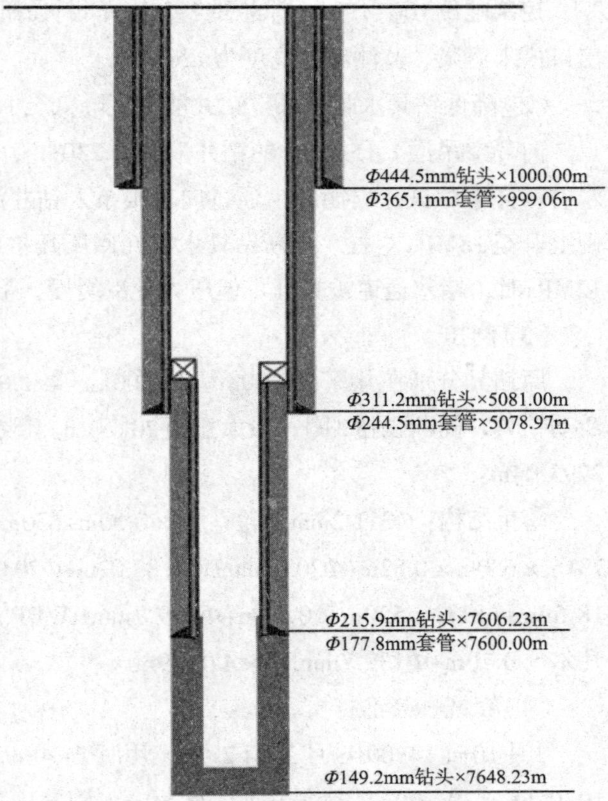

Φ444.5mm钻头×1000.00m
Φ365.1mm套管×999.06m

Φ311.2mm钻头×5081.00m
Φ244.5mm套管×5078.97m

Φ215.9mm钻头×7606.23m
Φ177.8mm套管×7600.00m

Φ149.2mm钻头×7648.23m

图2-17 SHB1-12井井身结构示意图

2. 发生经过

钻至井深4452.00m出现放空，发生失返性井漏。起钻4330.00~4452.00m井段遇阻严重，采用倒划眼方式起钻。下入混合钻头+螺杆钻具组合至井深1008.00m遇阻，换牙轮钻头通井注入浓度25%的堵漏浆15m³（漏速3.7m³/h），划眼至井深2407.00m后井眼通畅，下钻至井深4001.00m遇阻，下钻过程中井口未返浆，划眼至井深4448.00m，漏速维持在4~6m³/h，二次泵入堵漏浆36.6m³，出口槽未返浆。起钻至井深3326.00m遇阻12t，划眼至井深3333.00m通畅，尝试倒划眼上提，因无法建立循环，采用小排量倒划眼，扭矩6kN·m间断蹩停顶驱，划眼至井深3357.00m，泵入浓度40%堵漏浆15.8m³。控制下压遇阻吨位40t下行活动钻具至井深3575.00m，钻具不能上行。接顶驱划眼至3697.00m，扭矩8~16kN·m，活动钻具至井深3796.14m，活动范围190~100t。泵入浓度40%堵漏浆47m³，排量6~11L/s，出口槽未返浆，替浆52m³。活动钻具至井深3793.44m悬重由193t降至70t未开，发生卡钻。

3. 故障处理

（1）上下活动钻具。

控制吨位100~193t（原悬重193t），间断强扭3圈，顶驱扭矩0~20kN·m，环空吊灌，出口槽未返浆，监测液面高度为120.00m。

（2）降低钻具水眼和环空钻井液密度降低至1.15g/cm³尝试建立循环。

向环空吊灌1.15g/cm³的钻井液共计230m³，环空未见液面，监测液面高度110.00m左右。开泵尝试建立循环，通过向水眼泵入钻井液，立压快速上涨至12MPa左右，再缓慢上升至18MPa左右。判断钻具水眼在回压凡尔或钻头水眼处有局部堵塞，当压力达到12MPa时，堵塞通道被打开，但压力上涨缓慢，最终稳定在18MPa。

（3）倒扣。

原钻具分别在井深859.00m、294.00m、491.00m倒开三次。随后控制吨位在40~250t活动钻具，间断强扭3圈，最大扭矩20kN·m。倒扣起钻，落鱼顶深1000.99m，落鱼总长2793.04m。

落鱼结构：Φ311.2mm牙轮钻头×0.30m+630m×730m×0.95m+Φ228.6mmDC×9.43m+731m×630m×0.82m+Φ203.2mmDC×83.02m+Φ203mm随钻震击器×9.57m+Φ203.2mmDC×18.59m+631m×520m×0.93m+Φ139.7mmHWDP×46.23m+Φ139.7mm×2143.81m+回压凡尔×0.70m+Φ139.7mmDP×478.69m。

（4）套铣、公锥打捞。

3月10日14:00~3月25日2:30，用时14.48d，先后使用套铣筒套铣13次，套铣井段1030.11~1204.00m，套铣进尺173.89m，因井内落鱼较长，处理困难，终止处理，打水泥塞回填侧钻。

损失时间18.95d。

4. 原因分析

（1）该井一开套管下深999.06m，测井曲线显示0.00~996.00m声幅值≤20%，996.00~999.06m声幅值≥50%（由于水泥环脱落导致固井质量差）；该井发生井漏后两次下钻均在1008.00m遇阻；划眼至井深1198.00m泵入浓度25%的堵漏浆15m³，后期振动筛返出堵漏材料和少量水泥掉块；在后期处理卡钻过程中循环返出大量的细颗粒砂岩和大的砂岩掉块；井径数据显示在99.00~1030.00m和1090.00~1105.00m处井径超过711.2mm。

（2）现场未认真分析原因，在钻具组合中安装单流阀后继续下钻，在下钻遇阻划眼过程中出口未返浆或少量返浆，大肚子井眼内的掉块、沉砂、水泥碎块未能返出。

（3）无法建立循环，环空中掉块、沉砂、水泥碎块无法返出，在下钻至井深3796.14m再次打堵漏浆，期间未返浆，掉块、沉砂、水泥碎块等下沉堆积造成卡钻。

5. 专家评述

（1）发生失返性井漏，应简化钻具组合，即下入光钻杆进行专项堵漏。

（2）资料调研不充分，顺北地层复杂评估不足，对处理井漏注高浓度堵漏浆可能造成钻具堵水眼的风险识别不到位。加入单流阀、注堵漏浆后未全部替出钻具水眼，造成钻具水眼堵塞，失去了循环通道及爆破松扣的机会。

（3）该次故障处理套铣13次，用时14.48d，仅套铣进尺173.89m，每次套铣打捞出的钻具长度在9.62~28.75m之间，钻井时发生失返性井漏导致长井段坍塌，造成套铣困难，应及早填井侧钻。

案例二　CHS1井

1. 基础资料

（1）井型：四川盆地川中构造上的一口五开制预探直井。

（2）四开套管：Φ193.7mm+Φ206.4mm，套管下深（6522.27~8059.50）m。

（3）裸眼：Φ165.1mm钻头，钻深8448.73m。

（4）钻具组合：Φ165.1mm钻头+浮阀+回压凡尔+Φ120.7mmDC×1根m+Φ161mm扶正器+Φ120.7mmDC×14根+旁通阀+Φ101.6mmHWDP×30根+Φ101.6mmDP×12根+Φ155mm防磨接头+Φ101.6mmDP×30根+Φ155mm防磨接头+Φ101.6mm×DP×30根+Φ155mm防磨接头+Φ101.6mmDP×306根+Φ149.2mmDP。

（5）钻井液性能：密度1.39g/cm³、黏度58s、塑黏26mPa·s、动切7Pa、初切2Pa、终切7Pa、失水2.4mL、pH值11、滤饼0.5mm、坂含28g/L、固含19%、含砂0.2%、高温高压失水（185℃）11.4mL、滤饼2mm；钻井液体系：抗高温抗盐聚磺钻井液。

（6）地层：上震旦系灯影组四段；岩性：浅灰、深灰色粉晶白云岩。

（7）故障井深：8448.73m；钻头位置：8444.69m。

（8）井身结构如图2-18所示。

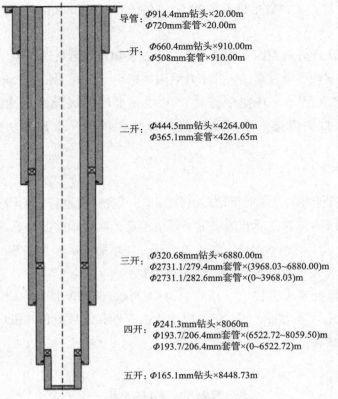

导管：Φ914.4mm钻头×20.00m
Φ720mm套管×20.00m

一开：Φ660.4mm钻头×910.00m
Φ508mm套管×910.00m

二开：Φ444.5mm钻头×4264.00m
Φ365.1mm套管×4261.65m

三开：Φ320.68mm钻头×6880.00m
Φ2731.1/279.4mm套管×(3968.03~6880.00m)
Φ2731.1/282.6mm套管×(0~3968.03)

四开：Φ241.3mm钻头×8060m
Φ193.7/206.4mm套管×(6522.72~8059.50)
Φ193.7/206.4mm套管×(0~6522.72)

五开：Φ165.1mm钻头×8448.73m

图2-18　CHS1井井身结构示意图

2. 发生经过

五开Φ165.1mm钻头钻进至井深8448.73m，扭矩突然由10kN·m上升至16kN·m，顶驱突然憋停，立压上涨22.6MPa上升至30.23MPa，停止钻进，立即上提钻具，上提至井深8447.85m，扭矩由16kN·m降至10kN·m，顶驱逐步恢复转动，立压恢复正常；活动钻具上提倒划至井深8447.08m，扭矩由10.8kN·m上升至16kN·m，顶驱再次憋停，立压逐步升至35.64MPa，继续倒划眼活动钻具上提至井深8444.69m，扭矩由16kN·m降至12.39kN·m，顶驱恢复转动，继续倒划眼上提，扭矩、立压恢复正常。在8432.44~8442.46m井段采取循环划眼，划眼过程正常，期间迟到井深8442.00m返出小掉块增多，下划至井深8442.20m，扭矩由10kN·m升至16kN·m顶驱再次憋停，立压由19MPa快速上升至42MPa，控制悬重2600~2900kN（原悬重2870kN）范围活动钻具，泵压不降。开回浆闸门泄压，释放扭矩后，憋压11.6MPa，施加扭矩20kN·m，在悬重2500~2900kN范围内活动钻具，经反复上提下放多次活动钻具无效，循环不通，发生坍塌卡钻。

3. 处理过程

1）活动钻具

逐级增大吨位活动钻具，控制悬重1000~3200kN，间断施加扭矩最高至22kN·m，最高憋压30MPa，未能建立循环，活动钻具25h无效果。

2）测卡点

钻具通径，通径至井深8440.00m，钻具水眼通畅。由于井底温度达180℃，测卡仪器受温度影响，信号不稳定，无法准确确定卡点位置，测卡失败。

3）活动钻具、分段紧扣、试反扭矩

控制悬重2200~3500kN活动钻具，间断施加扭矩29kN·m，最高憋压25MPa，出口未返浆。

钻具分段紧扣，在悬重2600kN施加扭矩35kN·m，缓慢下放钻具，每次下压200kN静止5min，逐步下压悬重最低至1000kN，重复3次操作完成紧扣作业，正转38圈。

试反扭矩，上提悬重至3000kN（原悬重2870kN，摩阻100kN左右），施加反扭矩24kN·m，以扭矩35kN·m进行钻具紧扣2次。

4）开泵憋压井口返浆、活动钻具、悬重突降

（1）控制悬重2000~3500kN活动钻具，下放悬重至2840kN，开泵憋压至9.2MPa，停泵发现立压快速下降至6.2MPa，且井口见小股返浆。

（2）保持悬重2840kN，间断施加扭矩35kN·m，保持排量1.35L/s循环，立压由15.5MPa降至13.4MPa。

（3）循环，控制立压不超过13.5MPa，期间控制悬重2600~3200kN范围内间断活动钻具，间断施加扭矩28kN·m，循环排量由1.35L/s提高至2.7L/s。

（4）控制悬重2600~3200kN范围内间断活动钻具，间断施加扭矩28kN·m，排量2.25L/s，立压13.1~13.9MPa，循环过程中，立压未见明显下降；上提钻具至悬重3458kN降至2263kN（原悬重2870kN），立压由13.5MPa降至1.2MPa，分析可能为钻具脱扣。循环排量35L/s，立压22MPa。

（5）原钻具对扣，未成功。

（6）起钻，检查发现钻具脱扣，落鱼长度2264.17m，理论鱼顶井深6178.03m。起出钻具公扣实物图，如图2-19所示。

图2-19 起出钻具公扣图

图2-20 改进钻杆接头图

5）下钻杆对扣打捞

（1）下钻杆，在距钻杆公接头端面66mm处焊接32mm厚，弧长200mm钢条，便于对扣，下钻期间钻具紧扣。改进钻杆接头图，如图2-20所示。

（2）循环，循环期间全烃最高32.18%，液面无变化。

（3）钻杆对扣成功，逐级紧扣至最大扭矩35kN·m，逐级憋压至20.5MPa，无压降。

6）试反扭矩、倒划上提

（1）逐级试反扭矩至19kN·m憋压至20.6MPa，控制悬重2600~3100kN活动钻具，泵压降至19MPa，井口未返浆。

（2）倒划眼上提，钻具上行2.50m，扭矩12~19kN·m，转速30r/min，频繁整停顶驱，上提活动钻具时，悬重由3200kN降至2240kN，立压22.1MPa降至6.34MPa；判断钻具脱扣。

（3）钻杆对扣后，逐级紧扣至最大扭矩35.8kN·m，憋压20.5MPa，无压降；憋压至27MPa，立压降至25MPa，以排量2L/s建立循环，控制立压24~25MPa循环，排量2L/s上升至5.3L/s。

（4）限定最大扭矩29kN·m倒划眼上提，钻具累计上行5.00m，倒划眼过程中频繁整停顶驱。扭矩27kN·m降至9kN·m，立压5.6MPa降至2.4MPa，悬重2800kN降至2560kN。

（5）起钻检查钻具。Φ101.6mmDP第355根公扣距台肩面20mm处断裂，落鱼长609.01m。落鱼结构：Φ165.1mm钻头×0.29m+浮阀×0.61m+回压凡尔×0.51m+Φ120.7mmDC×1根×9.47m+Φ161mm扶正器×1.45m+Φ120.7mmDC×132.07m+变扣311×4A20×0.52m+旁通阀×0.59m+Φ101.6mmHWDP×281.23m+Φ101.6mmDP×114.62m+Φ155mm防磨接头×0.70m+Φ101.6mmDP×66.95m。

7）组下反扣母锥+反扣钻杆造扣打捞

爆破松扣，第一爆松点选择在扶正器以上2根常卸扣处，第二爆松点选择旁通阀以上1柱常卸扣处。

（1）下钻钻具组合：Φ161mm反扣母锥×0.66m+Φ120mm反扣DC×26.40m+Φ88.9mm反扣钻杆×3245.88m+Φ149.2mmDP。

（2）下钻至井深7827.55m。循环排后效。

（3）造扣打捞，控制悬重2500kN，逐级施加反扭矩30kN·m，倒扣，悬重2700kN静止降至2590kN。捞出落鱼Φ101.6mmDP1根，长度9.56m，井内落鱼长度599.45m，理论鱼顶井深7842.75m。断裂公扣水眼下端内径64mm缩小至35mm。

（4）下反扣母扣打捞器+反扣钻具造扣打捞，倒划眼上提钻具，扭矩8~14kN·m，钻柱存在2.00m活动范围。

（5）钻具水眼通径，通径至旁通阀（8297.00m）处无法通过。

8）爆破松扣

5次采用下反扣母扣打捞器+反扣钻具打捞，捞获落鱼Φ101.6mmDP18根、Φ101.6mmHWDP14根、防磨接头1只，总长度303.96m。

9）爆破松扣

第一次爆破松扣未成功，第二次爆破松扣，捞出落鱼Φ101.6mmHWDP1根，长度9.39m，井内落鱼长度295.52m。

10）通井

组合下钻具通井至井深8060.00m，循环，返出地层掉块，如图2-21所示。

图2-21　通井返出掉块（五开地层筇竹寺8059.50~8146.00m）

11）测井径

测井径，8060.00~8140.00m平均井径211.94mm，扩大率28.37%。

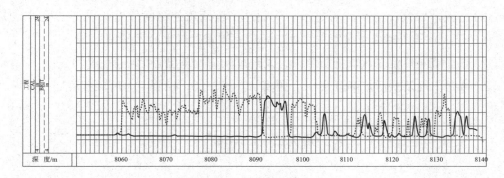

图2-22　裸眼段井径曲线

根据测井井径曲线（图2-22）和岩性分析，8060.00~8146.00m井段为筇竹寺组底部，岩性以炭质页岩为主，四开在该地层采用钻井液密度1.95~1.97g/cm³，井眼规则，平均井径扩大率1%以内；本次测井显示五开筇竹寺组井径呈椭圆形，且短轴方向无扩大率，长轴方向扩大率较大，地层存在沿应力方向性垮塌。

鉴于后续处理难度较大，决定填井侧钻，水泥塞井段7846.00~8146.68m。

损失时间1.35d，报废进尺358.73m。

4. 原因分析

1）主要原因

（1）从故障发生现象分析，在钻进和循环期间扭矩和立压出现突然上涨，判断为地层（灯影组四段）垮塌卡钻。

（2）根据《CHS1井（侧钻）地质设计提要20180503》描述"灯四下部丘型反射顶部相干分析认为井点南、北两端小断裂较为发育"，该井应钻遇到了小断裂。

（3）据现场实钻地质描述，井深8437.00m后岩屑呈深灰色，返砂量稍有增多，块状岩屑明显；井深8442.00~8444.00m返出岩屑为深灰色粉晶白云岩，薄片镜下晶间溶孔发育，面孔率局部高达15%~20%，其中80%被黑色有机质充填，表面物性、储集性变好。

（4）井深8437.00m以下岩屑主要呈薄片和块状，地层存在应力剥落掉块明显。

（5）根据电测井径情况分析，判定在筇竹寺地层存在明显的应力性垮塌。推测灯影组也存在应力性垮塌。五开钻井液设计钻井液密度1.15~1.35g/cm³，实钻钻井液密度1.39g/cm³，邻区马深1井在该层位钻进采用的钻井液密度为1.45g/cm³，分析为本井五开钻井液密度偏低，无法平衡地层应力，导致地层垮塌埋钻。

2）重要原因

本井为区域性探井，灯四段岩性特征、应力特征等可对比资料少，对地层情况认识不足，没认识到地层垮塌的风险，应对地层垮塌的方案和措施针对性不强。

5. 专家评述

（1）加强地质情况的预测及提示，特别是工程地质的深度分析认识，工程对地质故障提示进行认真分析解读，识别重大施工风险，制定针对性技术措施。

（2）该井整停顶驱应认真分析原因，发现掉块应处理循环而不是强行下划。

（3）该井出现复杂后应降低失水，提高钻井液密度，控制应力垮塌程度。

案例三　LY3HF井

1. 基础资料

（1）井型：渝东南利川–武隆复向斜武隆向斜火炉次洼北翼的一口二开制预探水平井。

（2）四开套管：Φ244.5mm，套管下深2035.03m。

（3）裸眼：Φ215.9mm钻头，钻深4178.00m。

（4）钻具组合：Φ215.9mmPDC+旋转导向仪器+柔性短节+随钻测量仪+无磁HWDP×1根+Φ165mm浮阀+Φ127mmHWDP×3根+震击器+Φ127mmHWDP×6根+Φ127mmDP。

（5）钻井液性能：密度1.73g/cm³、黏度60~70s、塑黏40mPa·s、动切15Pa、初切3Pa、终切8Pa、失水2mL、滤饼0.5mm、固含25%、含砂0.3%、高温高压失水（185℃）3mL；钻井液体系：油基钻井液。

（6）地层：龙马溪组；岩性：硬脆性泥页岩，局部存在揉皱和碳化不均匀。

（7）故障井深：4178.00m；钻头位置：4176.00m。

（8）井身结构如图2-23所示。

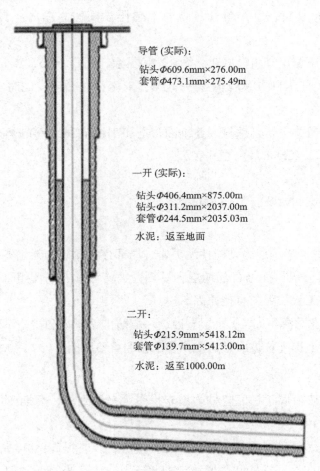

导管(实际)：
钻头Φ609.6mm×276.00m
套管Φ473.1mm×275.49m

一开(实际)：
钻头Φ406.4mm×875.00m
钻头Φ311.2mm×2037.00m
套管Φ244.5mm×2035.03m
水泥：返至地面

二开：
钻头Φ215.9mm×5418.12m
套管Φ139.7mm×5413.00m
水泥：返至1000.00m

图2-23 LY3HF井井身结构示意图

2.发生经过

2019年3月27日7:00钻进至4178.00m，接定向通知上提钻具测斜发指令，停顶驱、开泵上提至4176.00m遇卡，后下放至自由悬重130t，开顶驱蹩停，后蹩扭矩上提下放钻具无效，发生卡钻故障。

3.处理过程

（1）替稠浆、上下活动钻具。发生卡钻后尝试活动钻具（最大上提至260t）、开顶驱（最大扭矩35kN·m）、启动震击器均未能解卡。替入稠浆30m³（密度1.8g/cm³、黏度120s），开泵活动钻具，以下压活动为主，活动范围160~30t，每15min活动5次，每2h上提活动钻具，最大吨位260t，未能解卡。

（2）组下 Φ139.7mm钻具、爆炸松扣。在943.09m爆炸松扣成功，起出钻具950.63m。下 Φ139.7mm钻具对扣成功，30~310t活动钻具，循环钻井液憋泵，间歇活动钻具。

（3）泡解卡钻井液。打入解卡剂12m³，环空泡解卡剂4m³，活动钻具（30~320t），每30min钟泵入解卡剂憋泵，单凡尔顶通，憋压尝试建立循环，打压至22MPa泵压不回。

（4）固井车、压裂车打压尝试建立循环。固井泵车打压自55.1MPa降至47.3MPa，未能建立循环。再次打压自70MPa降至38MPa，未能建立循环，同时上提下放、震击未解卡。

（5）连续油管通井、切割钻杆。连续油管送切割弹至3656.00m爆破切割，起出钻具长3657.52m，留有539.55m落鱼在井底。

（6）打塞回填、侧钻。

损失时间27.5d；报废进尺661.00m。

4. 原因分析

（1）龙马溪组②-①小层为硬脆性泥页岩，局部存在揉皱和碳化不均匀的现象，在水平段钻进过程中其分层界面结合部地层容易剥蚀、垮塌。龙马溪组②-①小层剥蚀、垮塌是造成本井卡钻工程故障的直接原因。

（2）钻井队对龙马溪组②-①小层剥蚀、垮塌防卡钻意识和措施不到位，现场对复杂情况判断不到位，上提吨位偏大是造成本井卡钻的重要原因。

5. 专家评述

（1）该次卡钻故障属于钻完立柱岩屑未携带上来导致的，后期憋压的原因属井壁坍塌导致。

（2）在施工中及时观察返砂，一旦发现有掉块，及时提高钻井液密度，同时向甲方提报申请；钻井液在保证携砂和井壁稳定的基础上，应适当降低黏切，保证足够的冲刷能力，防止岩屑的堆积，视返砂情况及时短提，达到破坏岩屑床效果；每钻完1个立柱，钻头在井底不改变顶驱转速循环几分钟，循环上提速度不宜过快。

（3）严格执行"进一退三"作业法。加强随钻伽马曲线及现场岩屑录井比对，并结合钻时变化制定措施。

第四节 缩径卡钻

因井眼缩小造成的卡钻称为缩径卡钻。缩径卡钻是钻井工程中常见的故障。

一、卡钻类型

1. 砂砾岩的缩径

砂岩、砾岩、砂砾混层如果胶结不好或没有胶结物，在井眼形成之后，由于滤失量大，在井壁上形成厚的滤饼，而缩小了原已形成的井眼，如图2-24所示。

2. 泥页岩缩径

有些泥页岩吸水后膨胀，可使井径缩小。特别是一些含水软泥岩，在长期地质沉积过程中，受到局部封闭环境的限制，水分排不出去，在压实过程中形成"欠压实"状态，没有骨架，一旦打开一个孔道，在上覆地层压力作用下，急速向孔道蠕动，把井径缩小，甚至把钻头包住而失去循环通道，如图2-25所示。

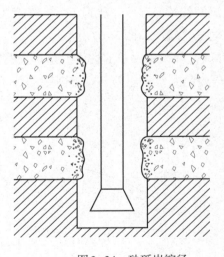

图2-24 砂砾岩缩径

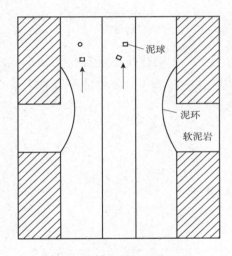

图2-25 软泥岩缩径

3. 盐膏层缩径

盐膏层是指主要由盐岩（NaCl）和石膏（$CaSO_4$ 或 $CaSO_4 \cdot 2H_2O$）组成的岩层。在盐膏层中，盐岩和石膏的含量不等，而且还含有大量的其他矿物。除常见的石英（SiO_2）、长石、碳酸盐等矿物外，还常会有各种不同的黏土矿物。由于沉积环境不同，产生了富含碳酸盐、硫酸盐的盐岩再加上周期性交互沉积分选差的砂泥岩，形成形形色色的复合盐岩，构成的盐膏岩性质千差万别，蠕变特性差异也很大。这给钻井造成的主要困难不仅有盐溶扩径和蠕变缩径，而且还容易造成井壁坍塌。以盐为胎体或胶结物的泥页岩、粉砂岩或硬石膏团块，遇矿化度低的水解，盐溶结果导致泥页岩、粉砂岩、硬石膏团块失去支撑而坍塌。夹居盐岩层间的薄层泥岩、粉砂岩，盐溶后上下失去承托，在机械碰撞作用下掉块、坍塌。

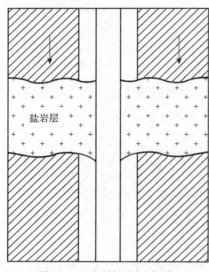

图 2-26　盐层蠕变示意图

盐岩在一定的温度和压力下失去自持能力，会发生明显地变形，称为蠕变。在盐层钻进，井眼缩径速率和井径大小有关系（即缩径速率和井眼直径成反比），随着埋藏深度的增加，温度、压力也相应增加，岩盐层逐渐失去自持能力，如没有一定的钻井液液柱压力与之抗衡，一旦井眼形成，它就向井眼蠕动，而使井眼缩小，如发现不及时，就会造成卡钻，如图 2-26 所示。

盐岩在 100℃ 以前，蠕变量很小，由于钻井液中水的溶解作用，井径不会缩小，反而扩大。从 100~200℃，蠕变速率急剧增加；200℃ 以上，盐岩几乎完全变成塑性体，在一定压力下，容易产生塑性流动。温度对盐岩蠕变如图 2-27 所示。

压力也是影响盐岩蠕变的主要因素，在钻井时，如果钻井液液柱压力小于盐层压力，盐层将向井内蠕动，其闭合速率取决于温度和压差的大小。压差与蠕变速率的关系如图 2-28 所示。

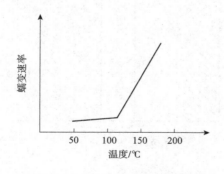

图 2-27　温度对盐层蠕变的影响

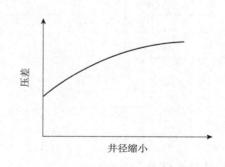

图 2-28　压差对盐层蠕变的影响

4. 深部沉积的石膏层

上覆岩层压力下会把石膏层中的结晶水挤掉，成为无水石膏。当钻开时，石膏又吸水膨胀，减弱强度，缩小井径。无水石膏密度为 2.90g/cm³，含水石膏密度为 2.30g/cm³，即无水石膏变为含水石膏时体积要膨胀26％。

5. 钻头尺寸磨小

在研磨性强的地层或钻头使用后期，钻头外径磨小形成小井眼。若下钻中遇阻下压过多或扩眼、划眼过程中发生溜钻，都会造成缩径卡钻，如图2-29所示。

另外，钻井液性能发生了较大的变化，特别是密度降低井壁失稳，容易造成缩径卡钻。或者为了堵漏，大幅度的调整钻井液性能，容易形成滤饼，使某些井段的井径缩小。

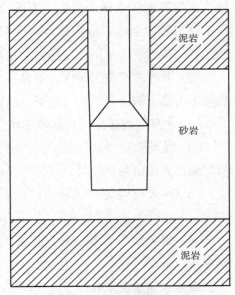

图2-29　欠尺寸井眼示意图

二、卡钻特征

（1）阻卡点位置固定，离开遇阻点上下活动、转动正常。

（2）钻遇蠕动速率较大的盐岩、沥青层、含水软泥岩时，泵压会逐渐升高，甚至失去循环。

（3）离开遇阻点则钻具上下活动、转动正常，阻力稍大则转动困难。

（4）缩径卡钻的卡点通常是钻头或大直径工具。

三、卡钻预防

（1）起出的旧钻头和扶正器，应检查其磨损程度，如发现外径磨小，下入新钻头时应提前若干米划眼。

（2）在用牙轮钻头钻进的井段，下入金刚石、PDC钻头及足尺寸的取心钻头时要特别小心，遇阻不许超过50kN；取心井段必须用常规钻头扩眼或划眼。

（3）起钻遇阻绝不能硬提，下钻遇阻决不可强压，采取扩眼或划眼措施。

（4）控制钻井液密度、滤失量及固相含量等性能。

（5）钻具中接随钻震击器，上提遇卡应下击，下放遇阻应上击。

（6）简化钻具结构，定期进行短起下钻。

四、卡钻处理

（1）遇卡初期，应大力活动钻具，争取解卡。在钻进的过程中遇卡，只能多提或强扭。在起钻过程中遇卡，应大力下压，甚至将全部钻具的质量压下去，但绝不能多提。在下钻过程中遇阻，应在钻具和设备的安全负荷限度内大力上提。应保持循环钻井液，在适当的拉力压力范围内定期活动钻具，防止钻具黏卡。

（2）用震击器震击解卡。如钻柱上带有随钻震击器，在起钻过程中遇卡的时候，应启动下击器下击。在下钻过程遇卡或钻头在井底遇卡的时候，应启动上击器上击。

（3）如果发现是缩径与黏吸的复合式卡钻，应先浸泡解卡剂，然后再进行震击。

（4）如果缩径是盐层蠕动造成的，而且能维持循环的话，可以泵入淡水或清胶液至盐层缩径井段以融化盐层，同时配合震击器震击。

（5）如果是泥页岩缩径造成的卡钻，可以泵入油类或解卡剂，并配合震击器进行震击。

（6）如果大力活动钻具与震击均无效，可采用爆松倒扣和套铣、倒扣等方法进行处理。

缩径卡钻建议采取以下处理程序如图2-30所示。

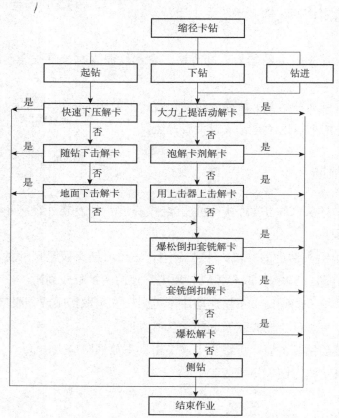

图2-30　缩径卡钻推荐的处理程序图

五、典型案例解析

案例一 YB102-侧1井

1.基础资料

（1）井型：YB102-侧井是元坝Ⅰ块的一口侧钻评价井（侧钻点：5442.60m）。

（2）老井三开套管：Φ193.68mm套管，下深6606.30m。

（3）裸眼：Φ165.1mm钻头，钻深6610.46m。

（4）钻具组合：Φ165.1mmPDC钻头+Φ120mmDC×17.72m+Φ158mm扶正器+Φ120mmDC×36.12m+Φ88.9mmHWDP×82.79m+柔性短节+随钻震击器×6.68m+Φ88.9mmHWDP×55.42m+Φ88.9mm旁通阀+Φ88.9mmDP×2291.21m+Φ101.6mmDP。

（5）地层：嘉陵江组；岩性：盐膏层。

（6）故障井深：5619.20m；钻头位置：5619.20m。

（7）井身结构如图2-31所示。

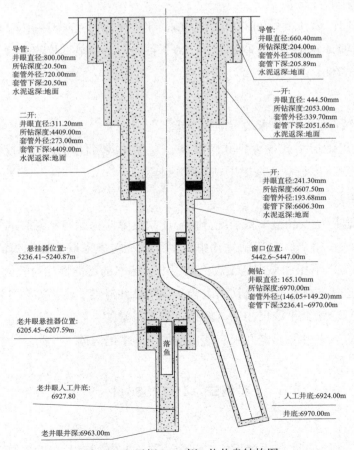

图2-31 元坝102-侧1井井身结构图

2. 发生经过

2009年5月31日11:30钻进至井深6610.46m时，循环后短起下，17:00起钻至井深5638.40m遇卡，上提下放活动钻具无效（原悬重1230kN，上提1270kN，下放1200kN），17:25接方钻杆倒划眼，18:30倒划眼至5628.82m，上提下放无显示后甩掉单根，划眼修整倒划眼井段（划眼井段：5638.40~5628.82m）；上提下放无显示后，上提钻具至井深5626.00m遇卡，19:40倒划眼至井深5619.20m，上提钻具无阻卡后，甩掉单根，再接方钻杆划眼修整倒划眼井段，甩完单根接好方钻杆启动转盘，整停钻盘后，再上提下放活动钻具均无明显活动距离，20:00钻具卡死。

3. 处理过程

（1）注酸，注酸6.2m³，分别上提钻具1600kN、1700kN、1800kN活动钻具，浸泡48h未解卡。

（2）爆破松扣，爆破松扣未成功解卡。

（3）下入反扣母锥、反扣钻具配合倒扣器倒扣不成功。

（4）震击器震击，无效。

（5）填井侧钻，填井段5480.00~6610.46m。用PDC钻头复合钻进至5800.00m时钻具放空，简化钻具换牙轮钻头于7月29日14:00下钻进入老井眼，故障解除。

损失时间58.75h。

4. 原因分析

（1）钻遇嘉陵江组大段盐膏地层缩径严重。

（2）飞仙关组地层溶孔发育，孔隙度高，发生井漏后注堵漏剂形成较厚的虚滤饼，加上井筒内钻井液密度较高，造成了钻具缩径卡钻。

5. 专家评述

（1）从地层岩性特点和接单根情况分析，此次故障应为缩径和黏吸的复合卡钻。

（2）处理方法不得当，在起钻过程中发生卡钻不应该采取上提式活动钻具，在甩单根时带拉力，应以下压和采用随钻震击器下击，解卡的可能性相对较大。

（3）膏层钻进优选钻头、简化钻具组合、调整钻井液性能，提高钻井液密度。

（4）没有进行套铣就采取反扣钻具倒扣，是不科学的。

（5）侧钻后进入老井眼，老井眼有落鱼增加了施工的风险。

案例二　TH12526井

1. 基础资料

（1）井型：塔河油田奥陶系油藏十二区块一口三开结构直井（开发井）。

（2）套管：一开Φ339.7mm套管，下深505.71m。

（3）裸眼：Φ311.2mm钻头，钻深3508.38m。

（4）钻具组合：Φ311.2mmSK1952SGR+Φ244mmLG×0°+Φ228.8mmDC×1根+Φ310mmSTB+Φ228.8mmDC×2根+Φ203.2mmDC×6根+Φ177.8mmDC×9根+Φ127mmDP。

（5）钻井液性能：密度1.18g/cm³、黏度40s、塑黏13mPa·s、动切力5Pa、中压失水4mL、pH值9、固含8%、滤饼0.5mm；钻井液体系：聚合物钻井液。

（6）故障井深：3508.38m；钻头位置：2448.46m。

（7）地层：吉迪克组；岩性：浅灰色粉砂质泥岩与浅灰色泥质粉砂岩、灰白、浅黄色细粒砂岩互层。

（8）井身结构如图2-32所示。

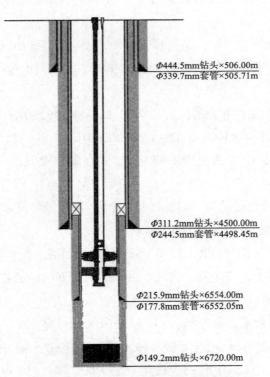

图2-32　TH12526井井身结构示意图

2. 发生经过

2012年1月1日0:00二开钻进至井深3508.38m时，短起钻至3000.00m摩阻正常。1:38起钻至2465.03m摩阻显示114kN，卸钻杆立柱后上提钻具，悬重增至1600kN，快速下放悬重至800kN，钻具无法下行，反复活动多次无效果。接方钻杆开泵正常，泵冲85冲/min，泵压20.1MPa，上提下放活动钻具，最大提升吨位1926kN，下压悬重至

800kN活动数次无效，且井口不能坐吊卡，确定钻具卡死。钻具总长2451.78m，钻头位置2448.46m。

3. 处理过程

（1）上提下放活动钻具。2012年1月1日2:00接方钻杆后开双泵，排量58L/s，泵压20.1MPa。上提下放活动钻具，最大提升吨位1926kN，下压悬重至800kN，旋转钻具扭矩持续增加，活动无效。

（2）地面下击器震击。接地面下击器震击，工作时悬重为85~90.3t，共震击16次，震击无果。

（3）泡解卡剂。配解卡剂15m³，密度1.18g/cm³，黏度46s，注解卡剂（环空4m³/117.00m，钻具水眼11m³），16:30开泵1min，泵冲10冲/min，顶替0.2m³解卡剂进入环空。泡解卡剂并配合地面震击器震击至1月2日16:00。

（4）爆炸松扣。

1月2日16:00测卡车到井，通过提拉和测卡显示，8in DC位于自由段，决定爆炸松扣；1月3日00:30爆炸松扣，爆破位置2399.91m（井内余8in DC×1根），悬重减少13t。

1月3日11:00起钻完，井内落鱼为：Φ311.2mmSK1952SGR+Φ244mmLG×0°+631×730+Φ228.8mmDC×1根+Φ310mmSTB+Φ228.8mmDC×2根+731×630+Φ203.2mmDC×1根，落鱼总长：48.55m，鱼头位置2399.91m，扶正器位置2428.92~2427.23m。

（5）随钻震击。

1月3日19:00组合打捞钻具：对扣接头+安全+液压随钻震击器+Φ203.2mm DC×11根+Φ177.8mmDC×5根+Φ127mmDP×234根。

1月4日3:30时下钻探到鱼顶（2398.05m），开泵顶通水眼，冲洗鱼顶及清洗上部环空，循环1周后进行震击；震击器下击吨位30~32t，期间间断的施加扭矩；至24:00间断震击88次，震击未解卡。

（6）倒扣。震击无效后倒扣起钻，1月5日10:00起钻完。

（7）套铣。1月5日19:00组合套铣管柱，00:30下套铣管在950.00m遇阻，01:30接方钻杆循环、扩划眼，3:30下套铣管柱至1523.00m遇阻，5:30接方钻杆循环扩划眼，11:00下套铣管柱至2384.00m扭矩波动异常，钻具有轻微的蹩跳现象，决定起钻换牙轮钻头通井，03:30起套铣管柱完，发现Φ290mm铣鞋+Φ273mm铣管×2根落井。

（8）探鱼顶。2012年1月7日14:00下入钻具：Φ203.2mmDC+631×410+Φ127mmDP探鱼顶至2390.00m遇阻，鱼顶2403.59m。

（9）打捞套铣筒。2012年1月8日1:00组合打捞钻具下入套管卡瓦可退式打捞矛。打捞上提发现套铣筒被卡，退打捞矛起钻。

（10）填井侧钻。损失时间21.77d；报废进尺1378.38m。

4. 原因分析

（1）在卡钻之前的3个立柱有严重的挂卡现象，反复提拉后才能恢复正常，未引起司钻的高度重视，违章操作超限上提，是卡钻的主要原因。

（2）上部地层膏泥岩发育，易吸水膨胀产生缩径，是卡钻的重要原因。

5. 专家评述

（1）起钻至2465.03m摩阻显示较大114kN，卸钻杆立柱后上提钻具的处理方法是错误的，应开泵下放钻具。卡钻后活动钻具措施不当，在起钻遇阻还大力上提，最高提至1920kN，导致后续采用地面下击也起不到效果。

（2）套铣筒入井遇阻，不应长井段划眼。

第五节　沉砂卡钻

沉砂卡钻是指环空岩屑下沉堆积形成砂桥造成的卡钻，也叫砂桥卡钻。由于钻井液悬浮岩屑的能力差，环空岩屑浓度太高、停泵早，或由于井壁有"大肚子"井段，循环时不能将岩屑完全带出，造成岩屑聚集于大肚子处，如图2-33所示。

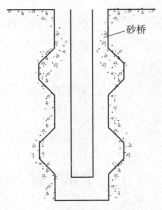

图2-33　沉砂卡钻示意图

一、卡钻原因

（1）在软-中软地层中用清水钻进时极易形成砂桥，因为软地层机械钻速快、钻屑多，而清水的悬浮能力差，岩屑下沉快。一旦停止循环时间较长，极易形成砂桥。

（2）有些井机械钻速快，钻井液排量跟不上，钻井液中的岩屑浓度过大，一部分岩屑附于井壁，排不出来，一旦停泵，就容易形成砂桥。

（3）改变井内原有的钻井液体系，或急剧地改变钻井液性能时，破坏井内原已形成的平衡关系，会导致井壁滤饼的剥落和原已黏附在井壁上的岩屑的滑移，而形成砂桥。

（4）井径不规则，形成"糖葫芦"井眼。

钻井液上返至大直径井段，返速变小，靠近井壁的返速接近于零，大量岩屑沉积下来，如图2-34（a）所示。堆积起来的岩屑越集越多，当达到自然倾斜角以上时，稍有触动，即可垮塌，将下部井眼埋住，如图2-34（b）所示。这些岩屑和钻井液混合在一起，结构很疏松，所以下钻时可能遇阻，也可能不遇阻。开泵循环时岩屑挤压在一起形成砂桥，钻井液返不上来，憋漏地层。泵压越高，形成的砂桥越结实，如图2-34（c）所示。

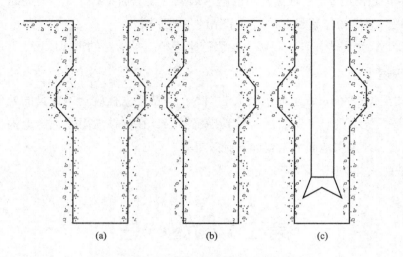

图2-34　井径扩大积砂成桥的过程示意图

（5）用解卡剂浸泡解除黏附卡钻时，容易把井壁滤饼泡松泡垮，增加了解卡剂中的固体含量。排解卡剂时，如开泵过猛，泵量过大，极易将岩屑与滤饼挤压在一起，形成砂桥。

（6）钻井液被盐水污染后，极易破坏井壁滤饼而形成砂桥。

（7）气体（空气、氮气、天然气、废气）欠平衡钻井时，遇到地层水，会发生钻屑润湿、黏结，当湿钻屑填充了环空时，形成泥环，会切断气流，严重时会发生卡钻。

二、卡钻特征

井眼中砂桥具有以下特点：

（1）钻进时，如钻井液携砂能力不好，振动筛处返砂量少，或出口流量减小，甚至完全不能返出，接单根或者起钻卸开立柱后，钻井液倒返甚至喷势很大。在开泵循环过程，钻具上下活动转动均无阻力，一旦停泵则钻具提不起来。特别是无固相钻井液，这种情况发生的较多。

（2）下钻时，井口不返钻井液，或者钻杆内反喷钻井液。钻头进入砂桥后，由于砂桥隔断了循环通路，被钻具体积排出的钻井液不能从井口返出，而被迫进入钻头水眼从钻杆内返出，或者被挤入松软地层中。

（3）起钻时若发生砂桥，则环空液面不降，而钻具水眼内的液面下降很快。

（4）钻具进入砂桥后，在未开泵以前，上下活动或转动自如，如要开泵循环，则泵压升高，悬重下降，井口不返钻井液或返出很少。

（5）划眼过程有憋泵现象。

发生砂桥卡钻后的特征：钻进时泵压突然升高或憋泵，扭矩增加或憋死，停转盘或顶驱后打倒车，井口钻井液无返出或返量很少。上提遇卡，转盘扭矩增大甚至转不动，起钻时卡点固定，上提、下放和转动困难，接方钻杆开泵不同或泵压突然升高，降低排量后有时能小排量循环。

三、卡钻预防

（1）钻进时要选用合理的排量，确保井眼清洁。起钻前要彻底循环，清洗井眼。

（2）在地层松软、机械钻速较快时，应适当延长循环时间，再停泵接单根。接单根速度要快，开泵时应先循环小排量后再大排量平稳开通。

（3）维持钻井液性能稳定，确保携砂良好、返砂正常。

（4）下钻时发现井口不返钻井液或者钻杆水眼内反喷，应停止下钻，采用循环顶通返砂正常后，再进行下钻作业。

（5）泡解卡剂的井，排解卡剂时宜先用小排量开通，经一定时间后，再逐步增加排量。在解卡剂未完全排除井口以前，不能随意停泵、倒泵，失去循环的连续性特别容易形成砂桥。

四、卡钻处理

（1）如能用小排量循环，就要逐步增加钻井液黏度、切力，待情况稳定后再逐步增加排量，增大循环通路，争取解卡。不能急于增加排量，造成憋泵把砂桥挤死。

（2）建立循环后可采用浸泡解卡剂的方法解卡。

（3）大力活动钻具方法解卡。

（4）震击器震击。如开泵钻井液只进不出，考虑用堵漏方法进行堵漏，争取建立循环；确认无法建立循环后，可考虑从卡点附近倒开采用震击等方法处理。

（5）套铣倒扣。沉砂卡钻是在接单根、起下钻过程中发生的，钻头不在井底，在套铣中落鱼可能下沉，遇到这种情况，应立即对扣活动钻具，有可能在活动中解卡。如果钻具上带有扶正器，砂桥一般在最上一个扶正器的上面，因此套铣到扶正器以后，就可以接震击器解卡。

（6）侧钻。如果处理难度大，特别是深井、超深井、水平井，考虑综合经济原则，可实施填井侧钻。

沉砂卡钻推荐处理程序如图2-35。

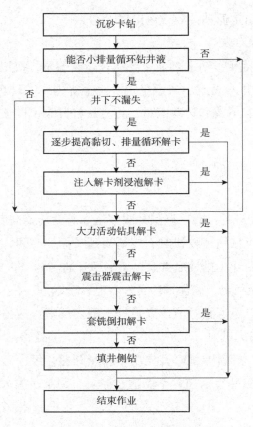

图2-35　沉砂卡钻处理程序图

五、典型案例解析

案例一　T9斜-6井

1. 基础资料

（1）井型：布置在江汉盆地潜江凹陷拖船埠隆起的一口定向井。

（2）二开套管：Φ244.5mm套管，下深815.70m。

（3）裸眼：Φ215.9mm钻头，钻深2874.00m。

（4）钻具组合：Φ215.9mmKM1653GAR+Φ172mm×1°LG+Φ210mmSTB+MWD定向接头+Φ158mmNDC×1根+Φ158mmDC×7根+Φ127mmHWDP×12根+Φ127mmDP。

（5）地层：新沟嘴组；岩性：棕红色泥岩。

（6）故障井深：2874.00m；钻头位置：2854.00m。

（7）钻井液性能：密度1.29g/cm^3、黏度75s、含砂0.5%、pH值9、固含15%；钻井液体系：饱和盐水钻井液。

（8）井身结构如图2-36所示。

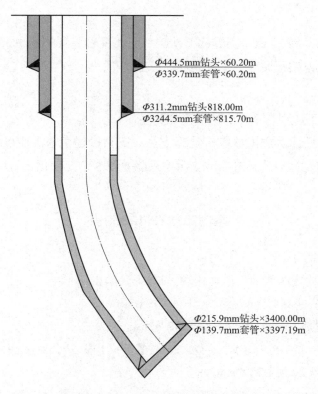

Φ444.5mm钻头×60.20m
Φ339.7mm套管×60.20m

Φ311.2mm钻头818.00m
Φ3244.5mm套管×815.70m

Φ215.9mm钻头×3400.00m
Φ139.7mm套管×3397.19m

图2-36　T9斜-6井井身结构示意图

2. 发生经过

2012年8月11日22:30下定向钻具组合至井深2854.00m，离井底20.00m遇阻，钻具悬重78t，下压8t，上提钻具挂卡。由于钻具不能在转盘面坐吊卡，反复上提下放活动钻具后，将钻具坐于转盘面，接方钻杆小排量（单凡尔）开泵，出现憋泵不能建立循环，上提挂卡，下放遇阻，钻具卡死。

3. 处理过程

（1）大吨位上提，最高吨位提至160t不能解卡。

（2）接地面震击器震击，试图松动沉砂，建立循环。

（3）爆炸松扣，套铣打捞。8月12日19:00在第5根钻铤与第6根钻铤连接丝扣处实施爆破，第6根钻铤以上钻具全部起出。井下落鱼为：Φ215.9mmKM1653GAR+Φ172mm×1°螺杆+431×4A10+Φ210mmSTB+MWD定向接头+Φ158mmNDC×1根+Φ158mmDC×5根。鱼顶井深2788.24m；落鱼65.76m。通井后采用Φ196mm套铣筒对扶正器以上落鱼进行套铣。17日13:00套铣完，起出套铣筒，下对扣接头带超级震击器对扣打捞，21:00捞获落鱼，上提95t，震击解卡，8月18日8:00将全部落鱼捞出故障解除。

损失时间7.38d。

4. 原因分析

操作原因,离井底20.00m仍继续下钻,井壁大量岩屑及夹砂滤饼导致钻头及下部钻具被埋。应提前接方钻杆循环,下划到底。

5. 专家评述

(1)下钻遇阻不能强行下压,应以上提为主。

(2)错误地采用地面震击器震击处理方法。下钻过程中遇阻应以上提或上击,地面震击器属于下击器,且尝试震击器建立循环只能导致卡钻复杂化。

案例二 TH12359井

1. 基础资料

(1)井型:布置在西北油田塔河区块一口四开结构探井。

(2)二开套管:Φ244.5mm套管,下深4498.70m。

(3)裸眼:Φ215.9mm钻头,钻深5232.82m。

(4)钻具组合:Φ215.9mmPDC+Φ172mm螺杆×1根+Φ158mmDC×1根+Φ214mm扶正器+Φ158mmDC×20根+Φ127mmDP。

(6)地层:哈拉哈塘组;岩性:上部灰、深灰色泥岩、粉砂质泥岩夹浅灰色粉砂岩,底部灰黑色炭质泥岩。浅灰色细粒砂岩、中粒砂岩夹深灰色泥岩。

(7)故障井深:4948.00m;钻头位置:4948.00m。

(8)井身结构如图2-37所示。

2. 发生经过

2011年11月15日17:28,三开Φ215.9mm钻头钻进至井深5232.82m发生轻微漏失。17:47钻进至5234.35m漏失严重,共漏失钻井液9.73m³,漏速30.41m³/h。20:00静止观察,静止观察期间漏失钻井液2.5m³,漏速1.13m³/h。20:30起钻至5169.23m,21:20泵入浓度20%随钻堵漏浆16m³,返出钻井液12m³,漏速4.82m³/h。

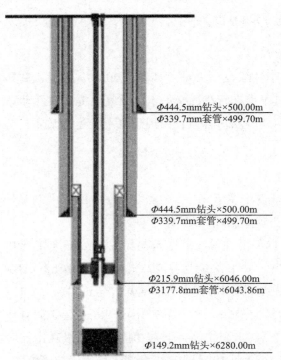

Φ444.5mm钻头×500.00m
Φ339.7mm套管×499.70m

Φ444.5mm钻头×500.00m
Φ339.7mm套管×499.70m

Φ215.9mm钻头×6046.00m
Φ3177.8mm套管×6043.86m

Φ149.2mm钻头×6280.00m

图2-37 TH12359井井身结构示意图

打完堵漏浆起至第4、第5柱时有明显遇阻卡显示,经过多次提拉起出。11月16日0:00起钻至4948.00m时阻卡严重,由原悬重1600kN步提至2000kN,钻具上下活动困难。0:20接方钻杆单凡尔开泵顶通,排量10L/s,泵压19MPa,泵入钻井液12m³,漏失钻井液12m³,环空不返钻井液,判断环空堵死,多次活动钻具无效,判断钻具卡死。

3. 处理过程

(1)活动力求解卡。16日2:00~6:00在300~1800kN悬重范围内活动钻具,无果。

(2)震击器震击。下击器震击,分别在1200kN、1300kN、1400kN、1500kN震击,震击未解卡。

(3)活动钻具,倒扣起钻。以30~1800kN范围内活动钻具,17:30原钻具倒扣,倒转14圈开扣,上提钻具悬重1500kN,原悬重1600kN,至17 5:00起钻完。井底落鱼:Φ215.9mmPDC×0.30m+Φ172mm螺杆×9.04m+Φ158mmDC×8.97m+Φ214mm扶正器×1.65m+Φ158mm DC×182.14m+4A11×410,落鱼总长202.84m。

(4)通井,套铣。

11月17日5:00下入牙轮钻头通井。24:00实探鱼顶深度为4736.30m。18日14:30循环起钻完,19日4:00组合套铣工具下钻套铣,套铣钻具组合:Φ193.7mm铣鞋+Φ套铣筒×7根+Φ193.7mm套铣管大小头+回压凡尔+Φ127mmHWDP×15根+Φ127mmDP。8:00套铣至4738.00m,套铣井段:4736.30~4738.00m,因套铣进尺慢起钻检查套铣工具。

20日15:30组合套铣工具下钻套铣,21日7:30套铣至4749.70m,套铣井段:4738.00~4749.70m。因套铣进尺慢起钻检查套铣工具,21:00起钻完,发现铣鞋磨平,铣鞋及下部套铣筒外壁有刮痕。

22日11:30下入原钻具对扣紧扣,开泵25MPa钻具水眼不通,16:00测卡车测卡点(测至鱼顶深度4736.30m时仪器遇阻,钻具水眼堵死)。17:00原钻具倒扣,上提悬重1480kN,至23日5:00起钻完,捞获4A11×410接头。

23日19:00组合套铣工具下钻套铣,24日12:00套铣至4756.50m,套铣井段:4737.04~4756.50m。因套铣进尺慢起钻检查套铣工具,23:00起钻完,发现铣鞋铣齿磨平。

25日10:00组合套铣工具下钻套铣,套铣至4760.50m,套铣井段4737.04~4760.50m。因套铣进尺慢起钻检查套铣工具,起钻发现铣鞋落井。

26日16:00下入4A11×410倒扣接头,进行倒扣,至27日5:00起钻完,未捞获落鱼。

(5)填井侧钻。

损失时间18.33d;报废进尺592.00m。

4. 原因分析

因二叠系井漏,造成环空岩屑下沉堆积,造成卡钻。

5.专家评述

（1）二叠系钻进和随钻堵漏要简化钻具组合，应做好故障预防。

（2）起钻遇卡后，处理措施不当上提吨位过大，导致环空堵死，遇阻应该及时接方钻杆循环倒划，划出复杂井段后正常起钻。

第六节　键槽卡钻

键槽卡钻是钻井施工中在井壁形成键槽，造成起钻时较大尺寸工具在键槽内被卡住的现象。

一、键槽形成的原因

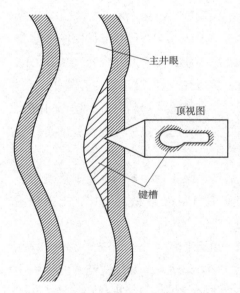

图2-38　狗腿导致的键槽

键槽形成的主要条件是井身轨迹不是一条直线（斜直或垂直）而产生了局部弯曲，形成了狗腿，如图2-38所示。由于井眼处于三维空间，不能用一个简单的视图表示出来，为了方便起见，我们把狗腿分为两种：由井斜角变化产生的狗腿叫井斜狗腿，由方位角变化产生的狗腿叫方位狗腿。实际井眼中的狗腿往往是这两种狗腿的综合体。

实际井眼由垂直段、增斜段、稳斜段、降斜段、水平段五种类型组成，在井斜变化的井段，都会产生狗腿，在增斜井段产生的狗腿叫增斜狗腿，在降斜井段产生的狗腿叫降斜狗腿，这些情况在井斜垂面图上看得很清楚。另外，井斜虽然没变化，而井斜方位发生了变化，也会产生狗腿，叫方位狗腿，水平井段产生的狗腿主要是方位狗腿。

还有一种键槽叫壁阶式键槽，是在特定情况下产生的，在大段的易坍塌的泥页岩中夹有薄层砂岩，当泥页岩坍塌井径扩大之后，薄层砂岩仍保持着钻头井径。任何直井都有一定的斜度，即使井斜及方位不发生任何变化，钻柱由于自身的质量也总是靠向井眼低边，只有这部分较硬砂层的壁阶支持着钻柱的侧向力，当大部分井径扩大至钻头直径与钻杆接头直径之和以上时，在此种壁阶上会产生键槽。

键槽的形成是一个渐变过程，如图2-39所示，图中大圆为井眼直径，小圆为钻杆接头磨成的键槽直径，其发展过程为：

（1）第一阶段，狗腿处尚为原始状态，大眼无变化，小眼刚开始产生。

（2）第二阶段，狗腿处已出现了浅的键槽，其深度不超过钻杆接头直径的一半，起下钻正常，尚无阻卡现象。

（3）第三阶段，狗腿处已经出现了较深的键槽，其深度已超过钻杆接头直径的一半，但尚不及钻铤直径的一半，起钻时，钻杆接头可以顺利通过，但直径大于钻杆接头的钻铤及钻头等起至此处将会遇阻遇卡，能通过转动方向并上下活动把钻具起出。

（4）第四阶段，键槽深度已超过钻铤直径的一半，当钻铤或钻头经过该点时，极易进入键槽造成阻卡。

（5）第五阶段，键槽已达最大深度，该处狗腿已经消失。一般情况下，达不到这个程度，就已经发生卡钻了。

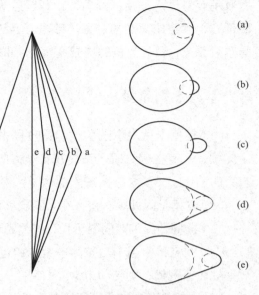

图2-39 键槽形成的过程

从纵向上看，如果产生键槽的井段的井径是规则的话，键槽是两端浅、中间深，是逐渐向深部向两端发展的，阻卡点是逐渐下移的。根据键槽的发育史在发生卡钻以前，键槽有一个不卡钻的安全期，其时间长短受地层性质及下钻次数的制约。到第三阶段时，若不采取破槽措施，将要发生卡钻。壁阶式键槽如图2-40所示。但壁阶式键槽的性质则不同，它只向深部发展，不向两端发展，平时起钻没有任何显示，一旦键槽达到一定深度时，则起不出钻来，稍不注意，就会把钻柱提死。

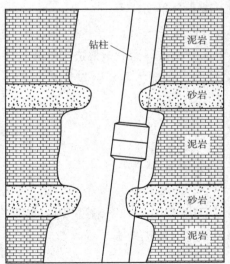

图2-40 壁阶式键槽

无论何种地层，只要具备产生键槽的条件，都可以产生键槽，软地层更易产生。如渤海湾地区的明化镇组、馆陶组地层就容易产生键槽。

井斜不大，但方位变化较大时，会产生键槽。增斜键槽不容易卡钻，因为增斜键槽在井眼的高边，当钻铤起至键槽时，钻铤由于自重要靠向井眼低边，有脱离键槽的趋势，所以不容易进入键槽。降斜键槽和壁阶式键槽最容易卡钻，因为由于钻柱的重量压向井眼低边，无法脱离键槽。方位键槽也容易卡钻，因为它和井斜无关，和方位无关，和钻具重量无关，只和方位的增减度有关，和钻具的刚性和趋直力有关。

二、卡钻特征

（1）键槽卡钻只会发生在起钻过程中。因为在下钻时，钻头及较大尺寸的工具进不了键槽，只有在起钻时，钻柱在自重力的作用下靠向键槽一边，在键槽中运行，当直径较大的钻铤、工具、钻头进入键槽时，便发生遇阻遇卡现象。

（2）键槽是因井眼轨迹存在大狗腿度而产生的，键槽卡钻点一定存在大狗腿度。

（3）键槽随施工时间的延长，键槽深度和长度会增加，但井深是相对固定的。

（4）在键槽中遇卡后拉力越大卡得越严重，下压解卡和转动转盘越困难，但只要下放钻柱脱离键槽，则转动正常。

（5）在键槽中遇卡，循环钻井液时泵压无变化，钻井液性能无变化，进出口流量平衡。

三、卡钻预防

（1）钻直井时采取防斜打直措施，控制井身质量，减小全角变化率。

（2）钻定向井时，在满足地质要求的前提下，保证井眼轨迹平滑。

（3）如果判断键槽已形成，为防止键槽卡钻，可下入键槽破坏器对键槽进行处理。

（4）每次起钻都要详细记录遇阻点井深，综合分析井下情况，判断引起井下遇卡的原因，并采取相应预防措施。

四、卡钻处理

1.大力活动钻具

键槽卡钻后，首先应大力下砸，但上提钻具时不超过原悬重。在下砸过程中，可以配合施加扭矩、改变泵压循环钻井液，使钻具产生脉动现象，有助解卡。

2.震击器震击

如果钻具中带有随钻下击器且下击器处于自由状态可启动随钻下击器下击；如果卡点位置适用于地面震击器，则可采用地面震击器下击解卡；必要时可以把钻具倒开，把开式下击器接在靠近卡点上部进行下击解卡。

3.注解卡剂

在石灰岩、白云岩地层形成的键槽卡钻，可以采用泡酸的方法解卡。

4. 套铣倒扣

经下砸、转方向慢提或轻提慢转倒划眼、浸泡等无效时，也可将稳定器或钻头提死卡在键槽底部，采用倒扣套铣办法将卡点以上钻具起出，然后下对扣接头＋安全接头＋下击器＋钻杆去对扣下击解卡，把钻头下到井底，在钻头部位注入解卡液后，从安全接头处倒开起出；再下破坏键槽钻具组合去把键槽井段彻底破坏掉，然后下安全接头公头去对扣打捞，按钻具落井故障或卡钻故障处理。

推荐处理程序如图2-41所示。

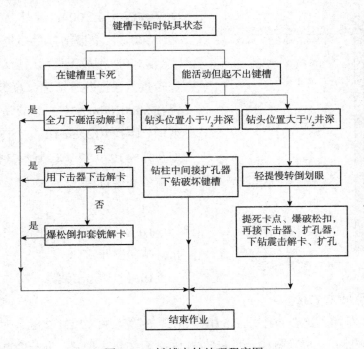

图2-41　键槽卡钻处理程序图

五、典型案例解析

案例一　YL6井

1. 基础资料

（1）井型：YL6井是四川盆地川东北元坝低缓构造带九龙山南鼻状构造带的一口预探井。

（2）套管：一开套管Φ339.7mm套管，下深697.80m。

（3）裸眼：Φ311.2mm钻头，钻深3402.00m。

（4）钻具组合：Φ311.15mm钻头＋Φ228.6mm空气减震器＋Φ228.6mmDC×6根＋

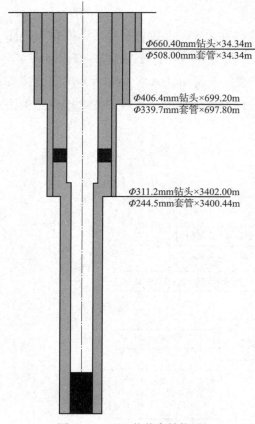

Φ660.40mm钻头×34.34m
Φ508.00mm套管×34.34m

Φ406.4mm钻头×699.20m
Φ339.7mm套管×697.80m

Φ311.2mm钻头×3402.00m
Φ244.5mm套管×3400.44m

图2-42　YL6井井身结构图

Φ203.2mmDC×6根+Φ139.7mmDP×122根+Φ129.7mmDP。

（5）故障井深：3208.00m；钻头位置：3208.00m。

（6）井身结构如图2-42所示。

2. 发生经过

2010年9月28日，空气钻钻至二开中完井深3402.00m，9月29日起钻至井深3208.00m，上提钻具最多提至240t未起出（悬重140t）下放无显示，启动转盘倒划眼整停转盘，根据井下情况，拉卡点发现卡点位置在2000.00m左右，结合测斜情况及钻具结构（计算Φ127mmDP与Φ139.7mmDP交接处在井深1990.17m），判断是键槽卡钻。

3. 处理过程

（1）爆炸松扣。

10月3日泵入封闭液137m³，爆炸松扣，顺利倒开钻具。

10月4日起出钻具，在井深2211.23m处松开，落鱼长度1190.77m。

（2）下钻杆对扣。组合Φ139.7mmDP下钻，下钻至井深2211.23m，对扣成功，上提钻具至230t不能提开，成功倒扣，打封闭液25m³封闭鱼头位置，起出对扣钻具。

（3）破键器破键。接入Φ192mm破键器下钻破键，破键钻具结构：Φ215.9mm钻头+Φ158.8mmDC×53.12m+Φ192mm破键器×1.51m+Φ127mmDP，5日从井深1818.00m开始破键，经过起下钻3次破键，12日破键至井深2177.60m，循环起出钻具。

（4）钻杆对扣成功。12日组合对扣钻杆对扣，对扣成功。13日起出钻头，复杂解除。

损失时间10.5d。

4. 原因分析

（1）在遂宁组与上沙溪庙交界段，发生井斜，在起下钻和空气钻进过程中拉出键槽，同时使用的钻具为Φ127mmDP与Φ139.7mm两种钻杆，由于Φ139.7mmDP恰巧在井斜段下方，造成起钻复杂。

（2）没有依据技术交底，及时测斜，跟踪井身质量，发生井斜后，对键槽理解不透彻，没有及时破键。

5. 专家评述

（1）空气钻进井身质量控制不好，形成了键槽。

（2）发生键槽卡钻后处理措施得当，及时解除了卡钻故障。

第七节　泥包卡钻

　　所谓泥包就是软泥、滤饼、钻屑黏附在钻头或扶正器周围，或填塞在牙轮或复合片间隙之间，或镶嵌在牙齿间隙之间，机械钻速降低，重则把钻头或扶正器包成一个圆柱状活塞，使其在起钻过程遇阻遇卡，如图2-43所示。抽吸极易把松软地层抽垮，把产层抽喷。在钻井过程中，要防止泥包现象的发生。

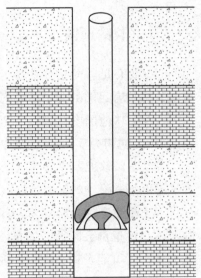

图2-43　泥包卡钻示意图

一、泥包形成的原因

　　（1）钻遇松软且黏结性很强的泥岩时，岩层的水化力超强，切削物不成碎屑，而成泥团状，牢牢黏附在钻头或扶正器周围。

　　（2）钻井液循环排量太小，不足以把钻屑携离井底。如果这些钻屑是水化力较强的泥岩，在重复破碎过程中，颗粒越变越细，吸水面积越变越大，最后水化成泥团，黏附在钻头表面或镶嵌在牙齿间隙中。

　　（3）钻井液性能不好，黏度太大，滤失量太高，固相含量过大，在井壁上结成了松软的厚滤饼，在起钻过程中被扶正器或钻头刮削，越集越多，最后把扶正器或钻头周围之间隙堵塞。

　　（4）钻具有刺漏现象，部分钻井液短路循环，到达钻头的液量越来越少，钻屑带不上来，黏附在钻头上。

　　（5）钻头泥包主要是泥页岩遇水发生塑性变形，使钻头面与钻屑间的黏附力变得比举升钻屑的携浮力大得多，因而形成泥包。

二、形成泥包的特征

　　（1）钻进时，机械钻速逐渐降低，转盘扭矩逐渐增大，如因泥包而卡死牙轮，则有整钻现象发生。如钻头或扶正器周围泥包严重，减少了循环通道，泵压也会有所上升。

（2）上提钻头有阻力，阻力的大小随泥包的程度而定。

（3）起钻时，随着井径的不同，阻力有所变化，一般都是软遇阻，即在一定的阻力下及一定的井段内，钻具可以上下运行，但阻力随着钻具的上起而增大，只有到小井径处才会遇卡。

（4）起钻时，井口环形空间液面不降或下降很慢，或随钻具的上起而外溢。钻杆内看不到液面。

三、卡钻预防

（1）要有足够的钻井液排量。一般泥包都发生在松软地层，因机械钻速快，钻屑浓度大，必须有足够的排量才能把钻屑及时带走。

（2）在软地层中钻进，一定要维持低黏度、低切力的钻井液性能，一般要求黏度不超过20s，初切为零，10min终切在29Pa以下。甚至用清水钻进，效果更好。

（3）在松软地层中钻进，要有意控制机械钻速，或增加循环钻井液的时间，目的是为了降低钻井液中的钻屑浓度。

（4）在钻进时，要经常记录泵压和钻井液出口流量有无变化。如钻井泵上水不好，则泵压与流量都会降低。如泵压下降而流量不变，则可能是钻具刺漏。如泵压升高而流量不变，则可能是钻头泥包、或钻头水眼堵塞、或井下出现其他问题，需要结合其他现象仔细分析，不可盲目钻进。

（5）如发现有泥包现象，应停止钻进，提起钻头，高速旋转，快速下放，利用钻头的离心力和液流的高速冲刷力将泥包物清除。如有条件，可增大排量，降低钻井液黏度，并添加清洗剂，再配合上述动作，效果更好。

（6）如已发现有泥包现象，又无法有效清除，起钻时要特别注意，不能在连续遇阻或有抽吸作用的情况下起钻。因为在这种情况下起钻，容易引起井喷，容易抽垮地层，更容易造成卡钻。最好的办法是边循环钻井液边起钻，直至正常井段，再按正常的办法上起。

（7）钻头泥包的主要原因是泥页岩钻屑的塑性变形和钻头面间的黏附力，可以使用能防止黏附的钻井液，如石膏、石灰、KCl–PHPA水基钻井液，乳化聚乙二醇水基钻井液，聚丙烯乙二醇钻井液等。

四、卡钻处理

（1）如果在井底发生泥包卡钻，应尽可能开大泵量，降低钻井液的黏度和切力，并添加清洗剂，以便增大钻井液的冲洗力。同时在钻井设备和钻具的安全负荷以内用最大的能力上提，或用上击器上击。

（2）如果起钻中途遇卡，快速下压。或用井下震击器或地面震击器以较大力量下击。在条件许可时，应大排量循环钻井液，大幅度降低黏度和切力并加入清洗剂，争取把泥包物冲洗掉。

（3）如果震击无效，并考虑有黏附卡钻的可能，可以注入解卡剂，一方面消除钻具与滤饼的吸附，另一方面减少泥包物与钻头或扶正器的吸附力。或者注入土酸浸泡，使泥包物发泡疏松，破坏其结构力，这样，再恢复循环时，容易清洗泥包物，为解卡创造条件。

（4）泥包后的钻头或扶正器像活塞一样，如果在较大拉力下把钻具提死，很可能堵塞环空，失去了循环钻井液的条件，无法注入解卡剂。在活动钻具震击无效的情况下，用原钻具倒扣或爆松倒扣，然后套铣解卡。注意：倒扣的时机越早越好，最好效果井下只留一个钻头，方便以后处理。

（5）如果泥包卡钻，循环无路，因时间较长，又有黏附卡钻的可能，则不可轻易倒扣。因泥包卡钻的井段不会长，如果不带扶正器，卡钻井段就是钻头，可在钻头以上爆破，以便恢复循环，消除黏附卡钻后再倒扣。如果带有扶正器，则堵塞环空的可能有两个点，一个是钻头，另一个是最上面的扶正器，但多以钻头堵塞的可能性最大。因此首先还是从钻头以上爆破，恢复循环，若不成功，再从最上面扶正器以上爆破，恢复循环，应能解决问题。

泥包卡钻的推荐处理程序如图2-44所示。

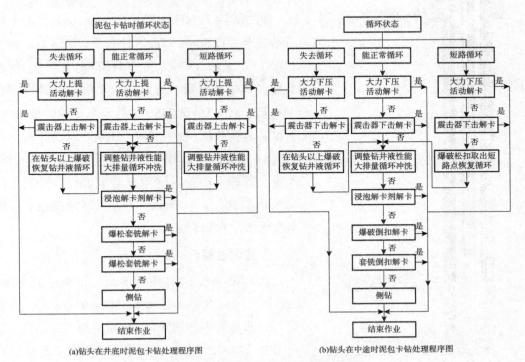

(a)钻头在井底时泥包卡钻处理程序图　　(b)钻头在中途时泥包卡钻处理程序图

图2-44　泥包卡钻的推荐处理程序图

五、典型案例解析

案例一　XTH10378井

1. 基础资料

（1）井型：塔河油田奥陶系阿克库勒凸起西北斜坡的一口三级结构开发井。

（2）一开套管：Φ273.1mm套管，下深1202.87m。

（3）裸眼：Φ250.88mm钻头，钻深5668.17m。

（4）钻具组合：Φ250.88mmPDC+Φ177.8mm DC×2根+Φ248mmLF+Φ177.8mmDC×5根+Φ139.7mm非标钻杆。

（5）钻井液性能：密度1.30g/cm³、黏度48s、塑黏20mPa·s、动切6.5Pa、静切2/5Pa、pH值9.5、失水4mL、滤饼1.00mm、坂含30g/L、固含11%、含砂0.1%；钻井液体系：聚璜防塌钻井液。

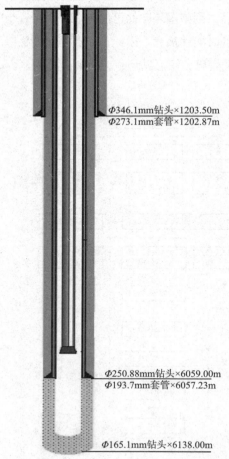

Φ346.1mm钻头×1203.50m
Φ273.1mm套管×1202.87m

Φ250.88mm钻头×6059.00m
Φ193.7mm套管×6057.23m

Φ165.1mm钻头×6138.00m

图2-45　XTH10378井井身结构示意图

（6）地层：卡拉沙依组；岩性：砂泥岩。

（7）故障井深：5668.17m；钻头位置：5668.17m。

（8）井身结构如图2-45所示。

2. 发生经过

2015年9月9日钻至井深5666.06m，接单根后钻进至井深5668.17m钻时变慢（钻压8t，排量38L/s，立压19.5MPa，转速71r/min+螺杆）。准备上提钻具校正参数，开泵上提1.00m钻具打倒车（悬重255t，原悬重235t）。后停泵释放转盘扭矩，下放钻具至井深5667.50m，开泵、启动转盘，立压由16MPa升至21MPa，停泵、停转盘，打倒车严重。随即上提钻具遇阻至悬重265t，经反复活动钻具（180~265t）无效，开泵开转盘强扭，强扭多次无效，判断卡钻头。

3. 处理过程

2015年9月10日注解卡剂。注解卡剂10m³（配方：10m³柴油+1.5tSR-301+0.2t有机土+2t快T）；浸泡解卡剂期间每15min上提下放钻具（悬重180~275t），每30min开泵顶通1次。活动钻具上提至280t解卡，恢复至原悬重235t。

起钻完，检查扶正器及钻头出现泥包。

损失时间0.48d。

4. 原因分析

（1）由于钻头与扶正器泥包，扶正器与钻头均只有一道水槽畅通，导致钻头与扶正器之间的钻屑无法充分上返至扶正器上部，停泵后钻头与扶正器之间的钻屑下沉，堆积在钻头上，是导致发生卡钻头故障的直接原因。

（2）钻井液有害固相偏高，导致钻井液不能有效清洗钻头，是钻头与扶正器泥包导致发生卡钻故障发生的间接原因。

5. 专家评述

（1）钻井液抑制性不强，钻屑分散导致钻井液固相含量高，造成钻头和扶正器泥包。

（2）加强固控设备的使用，严格净化钻井液，加强润滑性控制，防止泥包。

第八节　落物和掉块卡钻

由井壁掉块和井口落物掉入在井眼环空造成的卡钻，称为落物和掉块卡钻。

一、卡钻原因

井下落物各种各样，有的落物形状很规则且有可供打捞的部位，在井中经常处于和井眼轴线呈平行的状态，如钻杆、钻铤、套管、油管等。有的落物虽然形状规则但无可供打捞的部位，在井中经常处于斜立状态，如撬杠、测斜仪等。有的落物形状既不规则也无打捞的部位，在井中所处状态是随遇而安，如牙轮、刮刀片、井口工具、绳索等。

落物的来源不同，有的从井口落入，如井口工具、手工具等。有的从井下落入，如钻头、牙轮、刮刀片、电测仪器等。有的从井壁落入，如砾石、岩块、水泥块及原来附在井壁上的其他落物。

落在井底的落物，虽然妨碍钻进，但一般的不会造成卡钻，能造成卡钻的是处于钻头或扶正器以上的落物。由于井眼与钻柱之间的环形空间有限，较大的落物会像楔铁一样嵌在钻具与井壁中间，较小的落物嵌在钻头、磨鞋或扶正器与井壁的中间，使钻具失去活动能力，造成卡钻。如图2-46所示。

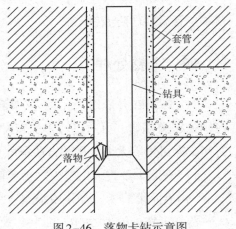

图2-46　落物卡钻示意图

二、卡钻特征

（1）在钻进中有落物落在环空会有蹩钻现象发生，上提钻具有阻力，小落物尚有可能提脱，大落物则越提越卡死。

（2）起钻过程遇有落物会突然遇卡，上提力量不大时下放比较容易。若落物所处的位置固定，则阻卡点也固定。若落物随钻具上下移动，则钻具只能下放而不能上提，阻卡点随钻头的下移而下移。在下放无阻力时钻具可以转动，而上提有阻力时则很难转动。

（3）落物卡钻的卡点一般在钻头或扶正器位置，较大的东西也可能卡在钻杆接头位置。

（4）在因有落物造成遇阻遇卡的情况下，开泵循环正常，泵压、排量、钻井液性能均无变化。

三、卡钻预防

（1）定时检查所有的井口工具，尤其是大钳、卡瓦和吊卡。

（2）在起下钻、接单根时防止井口落物，空井时必须盖好井口。

（3）凡下井的钻具和工具必须是经厂内检验合格的产品，在下井之前要在井场仔细查验。

（4）尽量减少套管鞋以下口袋长度，同时保证套管鞋处水泥封固质量，防止水泥块破落。

（5）确认是落物阻卡，应下放钻具在无阻力的情况下转动，严禁硬提。

（6）磨铣井底落物时，宜定期提起钻具活动，防止落物翻到磨鞋上面造成卡钻。

（7）落物没有落在井底，而是落在井眼中途的大井径井段。如果不妨碍下钻，下过落物位置后要严防卡钻。

四、卡钻处理

（1）钻头在井底时发生的落物卡钻时，采用转动，正转没有效果可采取适当反转，特别是杆类落物，可通过适当反转慢慢上提的方法将杆类落物落入井底，起出钻头后再打捞。亦可采取大力上提的方法争取解卡。

（2）在起下钻过程中发生落物卡钻时，应采用大力下砸或用震击器下击，不得多提。

（3）若不能解卡，可采用浸泡、倒开钻具套铣落物或填井侧钻等方法处理。

落物卡钻的处理程序如图2-47所示。

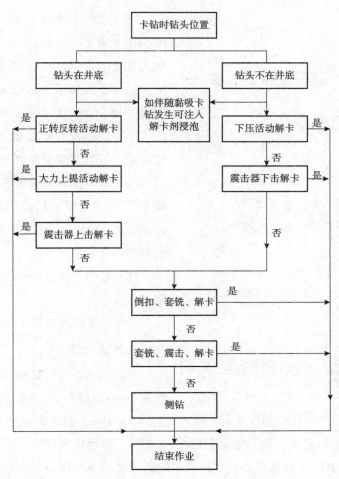

图2-47 落物卡钻处理程序图

五、典型案例解析

案例一 XSHB51X井

1.基础资料

（1）井型：顺托果勒低隆顺北缓坡的一口预探井。

（2）一开套管：Φ250.8mm+Φ244.5mm套管，下深5248.00m。

（3）裸眼：Φ311.2mm钻头，钻深6400.00m。

（4）钻具组合：Φ215.9mmPDC+单流阀+Φ165.1mmDC×2根+Φ212mm扶正器+Φ165.1mmNDC+定向短节+Φ165.1mmDC×13根+Φ127mmHWDP×9根+Φ127mmDP+Φ139.7mmDP。

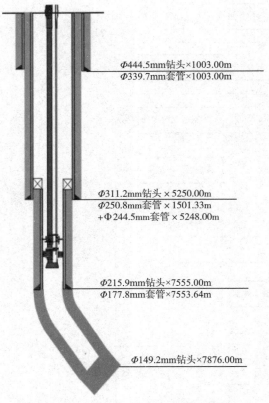

Φ444.5mm钻头×1003.00m
Φ339.7mm套管×1003.00m

Φ311.2mm钻头×5250.00m
Φ250.8mm套管×1501.33m
+Φ244.5mm套管×5248.00m

Φ215.9mm钻头×7555.00m
Φ177.8mm套管×7553.64m

Φ149.2mm钻头×7876.00m

图2-48　XSHB51X井井身结构示意图

（5）钻井液性能：密度1.37g/cm³、黏度50s、塑黏23mPa·s、动切力9Pa、静切力2/7Pa、pH值9、失水3.0mL、滤饼0.5mm、高温高压失水10mL、坂含45g/L；固含14%、含砂0.1%、Cl⁻含量30871mg/L、Ca^{2+}含量80mg/L、K^+含量25000mg/L；钻井液体系：钾胺基聚磺钻井液。

（6）地层：塔塔埃尔塔格组；岩性：棕褐色、灰色泥岩、粉砂质泥岩与浅灰色细粒岩屑石英砂岩、灰色粉砂岩、泥质粉砂岩呈等厚互层。

（7）故障井深：6397.73m；钻头位置：6397.73m。

（8）井身结构如图2-48所示。

2. 发生经过

2018年1月2日钻进至井深6400.00m，转速74r/min降至0r/min，扭矩11.2kN·m升至24.4kN·m，期间每钻进1.00~2.00m，上提倒划眼，扭矩波动较大，倒划眼至井深6397.73m，顶驱再次蹩停，钻具遇卡，上下活动钻具（悬重60~250t之间活动钻具，原悬重间断转动顶驱，扭矩27~30kN·m）。

3. 处理过程

（1）大幅度活动及转动钻具尝试解卡。1月04日上下活动钻具（悬重60~230t），原悬重间断转动顶驱（扭矩25~30kN·m），未能解卡。期间使用稠浆携砂，无较大掉块返出。

（2）爆炸松扣。1月4日，钻具从爆炸松扣井深6355.18m倒扣成功。

落鱼结构：Φ215.9mmPDC+双母+单流阀+Φ165.1mmDC×2根+Φ210mm扶正器+Φ165.1mmNDC定向短节+Φ165.1mmDC×1根，落鱼总长41.82m，鱼顶位置6355.18m。

（3）震击解卡。1月6日组下震击打捞钻具至鱼顶6355.18m，钻具对扣成功，开泵顶通循环（78冲/min，泵压20MPa）。1月7日间断震击试解卡（期间上击15次、下击75次），发现钻具下行，开顶驱22r/min，扭矩8kN·m转动正常，钻具解卡，故障解除。

损失时间6.23d。

四、原因分析

（1）井深6328.00m进柯坪塔格组，井段6328.00~6400.00m，岩性为浅灰色细粒岩屑石英砂岩夹棕褐色泥岩，棕褐色泥岩性较硬、吸水性、可塑性差，容易垮塌。志留系柯坪塔格组上砂岩段存在断层，钻遇断层附近破碎带产生垮塌掉块。钻具水眼内带出的掉块如图2-49所示。

（2）因考虑柯坪塔格组沥青质砂岩地层快要钻穿，未起钻更换牙轮钻头或简化钻具组合，钻进过程中多次出现上提划眼现象，蹩卡较为严重。

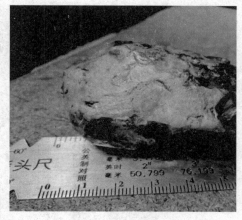

图2-49 钻具水眼内带出的掉块

5.专家评述

（1）防卡措施不当，进入易垮塌地层未采取防卡钻具组合，如简化钻具，带随钻震击器等措施。

（2）故障分析到位，处理措施得当，但故障处理时效有待提升。

案例二 ZH1井

1.基础资料

（1）井型：塔里木盆地塔中隆起中央主垒带寒武系盐下白云岩中深2号圈闭的一口预探井。

（2）二开套管：Φ339.7mm，下深3450.00m。

（3）裸眼：Φ311.2mm钻头，钻深6400.00m。

（4）钻具组合：Φ311.2mmKPM1333DST+Φ228mmDC×2根+Φ203.2mm浮阀+Φ309mm扶正器+Φ203.2mmNDC×1根+Φ203.2mmDC×8根+挠性接头+Φ203.2mm震击器+Φ203.2mmDC×2根+Φ127mmHWDP×6根+Φ127mm非标钻杆×291根+Φ139.7mmDP。

（5）钻井液性能：密度1.38g/cm³、黏度64s、失水2.4mL、塑黏29mPa·s、动切力9Pa、静切力3/9Pa、pH值10、滤饼0.5mm、含砂0.2%、固相17%、坂含35.45g/L、Cl⁻含量64012mg/L、Ca^{2+}含量800mg/L、K^+含量36760mg/L；钻井液体系：KCl聚磺钻井液。

（6）地层：寒武系下丘里塔格组；岩性：层状深灰色细晶白云岩夹浅灰色含泥灰岩。

（7）故障井深：6298.19m；钻头位置：6298.19m。

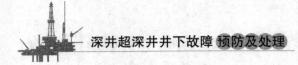

（8）井身结构如图2-50所示。

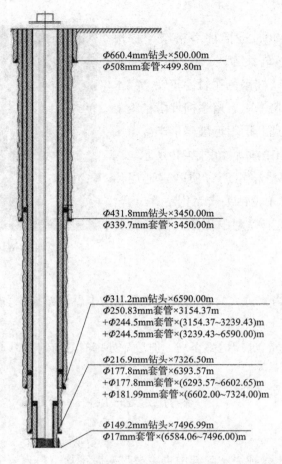

$\Phi660.4mm$钻头×500.00m
$\Phi508mm$套管×499.80m

$\Phi431.8mm$钻头×3450.00m
$\Phi339.7mm$套管×3450.00m

$\Phi311.2mm$钻头×6590.00m
$\Phi250.83mm$套管×3154.37m
$+\Phi244.5mm$套管×(3154.37~3239.43)m
$+\Phi244.5mm$套管×(3239.43~6590.00)m

$\Phi216.9mm$钻头×7326.50m
$\Phi177.8mm$套管×6393.57m
$+\Phi177.8mm$套管×(6293.57~6602.65)m
$+\Phi181.99mm$套管×(6602.00~7324.00)m

$\Phi149.2mm$钻头×7496.99m
$\Phi17mm$套管×(6584.06~7496.00)m

图2-50　ZH1井井身结构示意图

2. 发生经过

2018年6月19日钻进至井深6298.19m，钻具突然蹩停（扭矩设定值20kN·m），释放扭矩上提遇阻6t，下放至原悬重240t，转动无法转开；上提至250t下压至悬重212t再次上提至原悬重240t转动钻具无法转开（扭矩设定值25kN·m）。上提最高290t，下放至180t，活动钻具无法活动，发生卡钻。

3. 处理过程

（1）大幅度活动钻具及转动钻具。自发生卡钻至6月21日活动钻具，活动范围50~290t，未能解卡。

（2）泡酸解卡。6月21日注酸15m³，泡酸期间每1h替浆0.5m³，期间变换吨位间断性活动钻具，活动范围500~2800kN。6月23日活动钻具解卡，故障解除。

损失时间3.33d。

4. 原因分析

（1）钻至5050.00m进入寒武系下丘里塔格组，岩性主要为灰色白云岩，细晶白云岩，泥质白云岩，岩性较硬，且存在破碎带地层。

（2）对井下风险认识不足，多次出现憋顶驱、接单根上提有显示、接单根后放不到原井深的现象，返砂出现白云岩掉块，没有考虑到掉块卡钻风险。

5. 专家评述

（1）钻进至破碎带地层防卡措施不到位，未提前简化钻具，调整钻井液性能。

（2）故障发生原因分析到位，处理措施得当。

案例三 Z201H5-6井

1. 基础资料

（1）井型：四川盆地威远中奥顶构造西南翼的一口页岩气开发水平井。

（2）三开套管：Φ311.2mm，下深2982.00m。

（3）裸眼：Φ215.9mm钻头，钻深5134.00m。

（4）钻具组合：Φ215.9mmPDC+近钻头工具（发射短节）+Φ172mmLG（1.25°）+单流阀+接收短节+Φ172mmNDC×8.95m+Φ127mmHWDP×18.35m+Φ165mm随钻震击器+Φ127mmHWDP×36.53m+Φ127mmDP×28.77m+清砂接头+Φ127mmDP×86.29m+清砂接头+Φ127mmDP×86.05m+清砂接头+Φ127mmDP×85.79m+清砂接头+Φ127mmDP×85.87m+清砂接头+Φ127mmDP×85.48m+清砂接头+Φ127mmDP×2503.23m+Φ139.7mmDP。

（5）钻井液性能：密度2.10g/cm³、黏度87s、流变性60℃，初终切6.5/14Pa、失水2.0mL、滤饼2mm、油水比86/14、固相43%、Cl⁻含量31000mg/L；钻井液体系：柴油基钻井液。

（6）地层：马溪组一段①小层；岩性：黑色页岩。

（7）故障井深：5134.00m；钻头位置：5134.00m。

（8）井身结构如图2-51所示。

2. 发生经过

10月14日22:55钻进至5134.00m，准备划眼测斜，循环10min后，"寸提"钻具过程中卡钻。

井下为无扶螺杆，四刀翼PDC钻头，震击器位于钻头上部40.10m位置，长度9.10m；在距钻头115.00m位置开始接清砂接头，每隔3柱接1只，共6只。

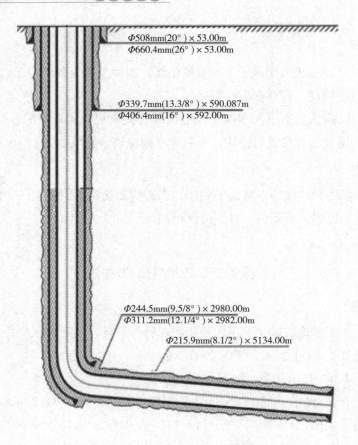

Φ508mm(20°) × 53.00m
Φ660.4mm(26°) × 53.00m

Φ339.7mm(13.3/8°) × 590.087m
Φ406.4mm(16°) × 592.00m

Φ244.5mm(9.5/8°) × 2980.00m
Φ311.2mm(12.1/4°) × 2982.00m
Φ215.9mm(8.1/2°) × 5134.00m

图2-51　Z201H5-6井井身结构图

3. 处理过程

（1）震击器震击。上提至180~240t上击，下压至28~30t下击，共震击760次。大排量循环冲刷，排量30L/s，泵压33~34MPa，钻具倒转。大排量憋螺杆，提排量至32L/s，锁顶驱，开、停双泵憋螺杆，顶驱加扭矩40kN·m。

（2）下砸钻具、正转钻具。震击器逐渐失效，螺杆停止倒转，采取下砸钻具、正转钻具措施。上提下砸钻具。上提至140t，下砸至60t。螺杆停止倒转后，正转循环、活动钻具。钻具放至原悬重100t，顶驱转速100r/min，泵压32MPa，扭矩13kN·m；上提至150t，下压至60t，顶驱转速50r/min，扭矩17~30kN·m，排量13L/s，泵压18.5MPa。停泵正转钻具，上提140t正转，下压至80t正转，顶驱转速80r/min。

（3）正转钻具。

正转钻具（下压至90t，转速50r/min，扭矩10~30kN·m），上下活动钻具（第一次上提至240t，下压至30t；第二次上提至190t，悬重回到120t，继续上提钻具，悬重至140~180t波动，开泵憋泵）。

钻具起出后发现从螺杆本体断开，落鱼总长3.74m，为螺杆2.29m+近钻头发射短节1.11m+钻头0.34m。

提前完钻。

损失时间11.88d。

4. 原因分析

（1）储层段破碎带地层掉块，造成卡钻。

（2）储层薄、地层变化大，井眼轨迹差。目的层为龙1-1仅3.70m，为追求优质钻遇率，水平段钻进过程中，井眼轨迹调整频繁，轨迹呈"W"型，不平滑；水平段长，钻井泵排量低，不能有效的携带井内的掉块，井眼清洁不足。Z201H5-6井实钻井眼轨迹，如图2-52所示。

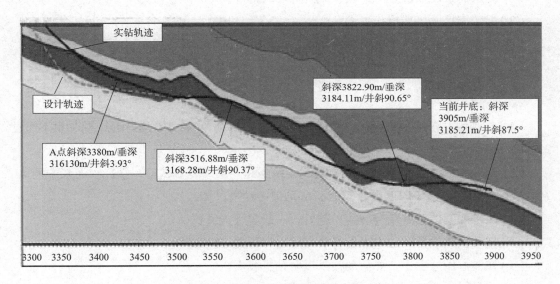

图2-52　Z201H5-6井实钻井眼轨迹

5. 专家评述

（1）卡钻原因是由掉块卡钻头或者扶正器，可考虑使用微偏心的钻头，将井眼尺寸增大可以降低掉块卡钻具组合扶正器的风险。

（2）钻头与扶正器需要进一步优化，增加过流面积，提高掉块或岩屑床通过能力。

（3）如果无法增大井眼尺寸或者无法采用整体式的扶正器，建议改为采用稳定型的螺杆钻具组合钻进水平段。

（4）钻进施工中发现异常，起钻更换常规钻具组合，降低旋转导向卡钻风险。

第九节　固结卡钻

固结卡钻是指在堵漏、填井、尾管固井等注水泥施工作业中，因水泥浆稠化凝固造成的卡钻。在注凝胶、堵漏浆等施工以及石粉沉淀，也存在类似卡钻如图2-53所示。

一、卡钻原因

（1）水泥浆或凝胶提前稠化。

（2）注水泥或凝胶过程中，设备或工具出现故障。

（3）施工措施不当或操作失误。

（4）探水泥塞时间过早或措施不当。

二、卡钻预防

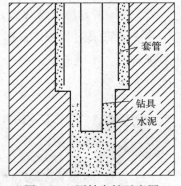

图2-53　固结卡钻示意图

（1）在裸眼井段注水泥塞，要测量井径，按实际井径计算水泥浆用量，附加量不超过30%。

（2）入井水泥浆必须做理化性能试验，并要和井浆做混溶试验，掌握水泥浆的稠化、初凝、终凝时间，施工时间要合理控制水泥稠化时间。

（3）注水泥塞的钻具结构越简单越好，一般只下光钻杆。

（4）提升钻具设备和注水泥设备要完好，保证能连续工作。

（5）在注水泥过程中，要活动钻具以防钻具黏卡。

（6）在设计水泥塞顶部循环钻井液，将多余水泥浆替出时，在残余水泥浆未完全返出井口以前，不能随意停泵或倒泵，要转动或上下活动钻具。

（7）探水泥塞的时间不宜过早，要严格控制候凝时间。钻具下至预计井深前，先循环钻井液，使上部井眼畅通，然后停泵逐步向下试探，遇阻后不能硬压，应立即提起钻柱，再开泵向下试探。

三、卡钻处理

固结卡钻可以采取爆炸切割、套铣倒扣及磨铣等方法处理。

固结卡钻推荐处理程序如图2-54所示。

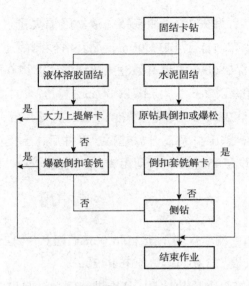

图2-54 固结卡钻推荐处理程序

四、典型案例解析

案例一 JY204-1HF井

1. 基本资料

（1）井型：川东高陡褶皱带万县复向斜南部的金佛断坡的一口页岩气水平井。

（2）套管：一开套管 Φ244.5mm，下深3196.03m。

（3）裸眼：Φ215.9mm钻头，钻深4247.00m。

（4）钻具组合：Φ127mm光钻杆。

（5）钻井液性能：密度1.35g/cm³、黏度64s、失水0.1mL、滤饼0.5mm、含砂0.2%、初/终切3.5/6Pa；钻井液体系：油基钻井液。

（6）钻达地层：龙马溪组。

（7）故障井深：4227.00m；钻头位置：未下入钻头。

（8）井身结构如图2-55所示。

2. 发生经过

2019年10月23日23：00钻至4247.00m

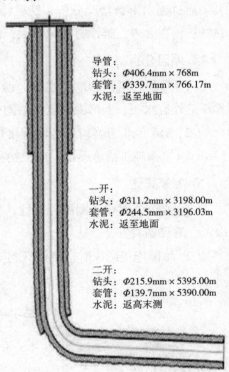

导管：
钻头：Φ406.4mm×768m
套管：Φ339.7mm×766.17m
水泥：返至地面

一开：
钻头：Φ311.2mm×3198.00m
套管：Φ244.5mm×3196.03m
水泥：返至地面

二开：
钻头：Φ215.9mm×5395.00m
套管：Φ139.7mm×5390.00m
水泥：返高末测

图2-55 JY204-1HF井身结构示意图

出现井漏，漏速8.96m³/h，漏失30m³油基钻井液。因漏失量过大无法正常钻进，采用固化堵漏。10月25日下光钻杆至4239.00m，循环清砂测漏速，排量1.72m³/min，漏速15.99m³/h。起钻至井深3800.00m后开始注固化堵漏浆，以0.6~0.74m³/min排量，注入平均密度1.60g/cm³固化堵漏浆26m³。大泵以1.6m³/min排量替浆11.2m³；关封井器，以0.6~0.8m³/min排量正挤钻井液28m³，从环空平推12.2m³。开井后，有返吐现象，起钻5柱后，关防喷器憋压1MPa；憋压4h后，开井起钻。开井后，上提钻具（原悬重135t，上提180~210t）未提开；扭矩设定45kN·m，转动无效；大吨位（260t）上下活动钻具无效，钻具被水泥固死。

3. 处理过程

（1）测卡、爆破松扣。测卡仪器下至3556.00m遇阻（井斜45°），在井深3546.70m接箍处松扣成功。落鱼长度123.01m，鱼顶3546.70m。

（2）下反扣钻具+公锥。下反扣钻具+公锥进行倒扣，起出落鱼4根，鱼长84.11m，鱼顶3585.60m。

（3）下套铣筒套铣、母锥。下入套铣筒套铣、母锥倒扣，共倒出落鱼5根，累长47.32m。鱼长36.79m，鱼顶井深3623.92m。

（4）填井侧钻。由于套铣段井斜已达59°，钻具贴下井壁，水泥固化后，套铣难度大。通过起出落鱼情况分析，铣鞋将打捞上来的最下面一根钻杆铣断，鱼头不完整且有钻杆皮留在井内，继续打捞风险大，填井侧钻。

4. 原因分析

（1）对漏失层位判断不准确。误认为前期堵的漏层不会发生复漏，通过套铣看，钻具环空外有水泥，上部漏层复漏后固化堵漏浆进入环空造成卡钻。

（2）制定施工方案时未考虑固化浆上返的风险。

（3）堵漏施工措施不当，应把钻具起到堵漏浆顶部进行挤堵。

5. 专家评述

（1）要论证固化堵漏的可行性，采用固化堵漏时要把钻具放在最浅漏层位置50.00m以上，确保钻具安全。

（2）堵漏施工结束时应将钻具起至安全井段。

第十节　干钻卡钻

所谓干钻就是钻头部位失去钻井液循环，钻头对岩石做功所产生的热量散发不出去，切削的岩屑携带不上来，积累的热量达到一定程度，足以使钢铁软化甚至熔化，钻头甚至钻铤下部在外力作用下产生变形，和岩屑熔合在一起，造成干钻卡钻。

一、卡钻原因

钻井液在钻头处的循环排量减少甚至断流是由以下原因造成的。

（1）钻具刺漏，循环短路。钻具刺漏之后，开始时一部分钻井液经钻头循环，一部分钻井液经漏点而上返，随着时间的延长，漏点越刺越大，绝大部分甚至全部钻井液经漏点而上返，钻头处便没有钻井液可供循环。

（2）高压管线与低压管线之间的闸门刺漏或未关死，大部分钻井液在地面循环，而真正流入井中的很少。

（3）钻井泵及地面循环系统发生故障，供给排量不足。钻井泵上水不好，如吸入池液面太低；上水管堵塞；钻井泵活塞、缸套、凡尔刺漏；钻井液黏度太高，含气量太多；均可减少钻井泵的排量，在高压的条件下可能会造成井内断流。

（4）泵房与钻台工作配合不好，停泵时不通知司钻，或者不按司钻的要求开泵或停泵，造成钻井液循环中断。

（5）有意识的停泵干钻。在钻井取心或用打捞筒打捞井底碎物时，习惯于有意识地干钻几分钟，力图把钻头或铣鞋用泥巴包死，以防在起钻过程中滑落。若掌握不好，容易干钻卡钻。

二、卡钻特征

（1）如果钻具刺漏，则在正常排量下，泵压会逐步下降。待泵压下降到一定程度时，全部钻井液由漏点上返，漏点以下便失去循环。泵压下降的程度和漏点位置有关，在钻柱上部刺漏，泵压下降很明显，而且下降的幅度较大。如钻柱下部刺漏，泵压也呈逐渐下降趋势，但下降到一定数量即下降值相当于或稍大于钻头水功率时便不再下降，但此时钻头处已经没有可供循环的钻井液了。

（2）如钻井泵上水不好，或地面管线、闸门有刺漏的地方，则泵压下降，井口返出量减少，钻井液温度也显著下降。

（3）机械钻速明显下降，甚至无进尺。

（4）转盘扭矩增大。如装有扭矩仪可以直接看出，如未装扭矩仪，可以听动力机的声音和转盘链条的传动声音，也不难判断。

（5）干钻的第一阶段是泥包，可以活动，但上提时有阻力。随着干钻程度的加剧，阻力越来越大，直至既不能转动又不能上提，造成卡钻。

（6）干钻的结果，一般是钻头水眼堵死，除钻具有刺漏的情况外，是无法开泵循环的。

三、卡钻预防

（1）要经常注意泵压和井口钻井液返出流量。如泵压下降，返出量减少，那肯定是钻井泵上水不好或地面管线、闸门有刺漏的地方，应停钻检查地面上可能发生的问题。如泵压下降很突然，但维持这个下降值不变，而且井口返出量不减少，那可能是钻头水眼脱落，也可能是钻头掉了，钻具断了，试钻一下，便见分晓。如泵压缓慢下降，而井口返出量不减少，那可能是钻具刺漏了，也可能是钻头水眼刺了，应起钻检查钻具，不能盲目继续钻进。

（2）如发现机械钻速下降，转盘扭矩增大，甚至有蹩钻、打倒车现象时，应结合泵压、井口返出量、正钻地层特性进行综合分析。如发现泵压下降或返出量减少，应立即停钻。如循环正常，没有短路现象，可以进行试钻，每钻进10~15min提起划眼一次，如停钻打倒车上提有阻力，而且情况一次比一次严重，也应停止钻进。

（3）泵房与钻台工作要配合协调，在钻进过程中不许停泵、倒泵。若因故必须停泵时，必须先通知司钻将钻具提起。

（4）若停止循环时间较长，应将钻具提离井底有一定高度，然后上下活动或转动，绝不允许将钻头压在井底，或用转盘转动的方法活动钻具。即使在钻进取心的情况下，也应割心提起钻具。

（5）对气侵钻井液，应加强除气工作，以提高钻井泵的上水效率。

（6）钻进取心及打捞工作中人为地干钻大可不必，因为很难掌握一个恰当的分寸。现在所用的工具，可靠性较高，没有必要进行干钻。

四、卡钻处理

干钻卡钻是恶性卡钻，由于干钻时摩擦生热，钻头甚至钻铤下部都软化变形，其直径往往大于上部已钻成的井眼，要想从原井眼中起出已干钻变形的钻头简直是不可能的。如果在少量钻井液循环的条件下形成了干钻，尚有蹩通水眼的可能。如果是在断流的条件下形成了干钻，钻头甚至下部钻铤水眼都已堵死，恢复循环是不可能的。因此，干钻卡钻的处理程序只能是：

（1）用震击器上击：这是在干钻不太严重，钻头尚未变形，处于泥包状态时可以奏效。

（2）爆炸切割：干钻卡钻的卡点就是钻头。干钻后，往往把钻头水眼堵死，因此如确认为是严重干钻，应及早在卡点以上爆炸切割。即使切割不开，也可以打开一条循环通路。只要能循环钻井液了，为以后处理，争取了主动和方便。如果延误的时间长了，钻井液已经稠化，钻柱内下不进任何工具，就无法再爆炸切割。在此关键时刻，绝不能犹豫不决。

（3）爆松倒扣，或用原钻具直接倒扣。为了防止上部钻具黏卡，倒扣的时间越早越好，所以最好是抓紧时间用原钻具直接倒扣。如果倒扣效果不理想，在爆松倒扣的准备工作做好后，再对扣后进行爆炸松扣也可以，甚至直接从最下一根钻杆处切割，把全部钻杆起出来，这也比套铣、倒扣强得多。

（4）扩眼、套铣：套铣筒的内径应大于钻头直径，据此来推算扩眼直径的大小。这种办法在井浅时可以使用，如果井深了，地层硬了，扩眼、套铣的办法就不经济了。

（5）填井，侧钻。

干钻卡钻推荐处理程序如图2-56所示。

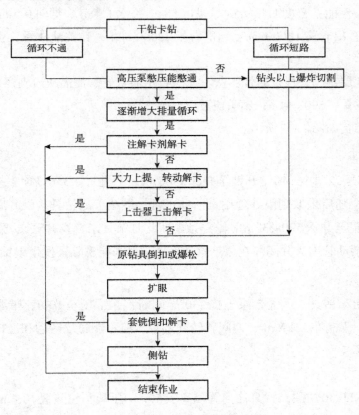

图2-56 干钻卡钻推荐处理程序

五、典型案例解析

案例一　PZH7-1D井

1. 基础资料

（1）井型：彭州7-1D是部署在四川盆地川西坳陷龙门山前断褶带鸭子河构造一口三开制水平井。

（2）套管：二开套管Φ193.7mm，下深3192.40~5903.00m。

（3）裸眼：Φ165.1mm钻头，钻深5908.61m。

（4）钻具组合：Φ165.1mmPDC+Φ128mm浮阀+Φ127mm回压阀+Φ161mmLF+Φ127mmNDC+MWD悬挂短节+Φ101.6mm非标钻杆×6根+旁通阀+Φ101.6mm非标钻杆×66根+Φ101.6mmHWDP×48根+Φ101.6mmDP+Φ139.7mmDP。

（5）钻井液性能：密度1.48g/cm^3、黏度58s、失水1.4mL、滤饼0.5mm、含砂0.1%、初/终切2/7Pa、K$^+$含量16000mg/L、Cl$^-$含量22000mg/L；钻井液体系：强封堵高酸溶聚磺钻井液。

（6）钻达地层：马一段。岩性：灰、深灰色生屑灰岩、泥晶灰岩夹黑色页岩。

（7）故障井深：5908.61m；钻头位置：5908.32m。

（8）井身结构如图2-57所示。

2. 发生经过

2019年12月22日16:46三开钻至井深5908.61m（进尺0.35m）顶驱扭矩出现波动情况，停止钻进，随后采取划眼处理钻具活动正常，继续下划钻具接触井底再次出现扭矩波动，倒划上提至井深5908.32m时整停顶驱（此时钻具未提离井底），采取释放扭矩在165~200t之间活动管串、并间断在原悬重开动顶驱，未能解除，发生卡钻。

3. 处理过程

（1）强力活动钻具。最大带泵上提230t、间断带泵下压至100t，带泵整扭矩下压至125t，最大扭矩限制在12kN·m，期间有转开迹象，但不能连续转动和上提，钻具累计上行1.00m。未解卡。

（2）泡酸。

12月23日22:30注酸，大泵注前置隔离液6m^3，压裂车注酸液10.6m^3，大泵注后置隔离液4m^3，大泵替浆32.3m^3，此时酸液进环空3m^3；对管柱整扭矩12kN·m待酸液升温1h，然后每隔30~40min替酸液0.1~0.2m^3，配合活动钻具。

12月24日5:20~6:40关封井器反向憋压，套压5.3~5.5MPa，立压9.2~10.2MPa（含压差4.3MPa），出现立压同步上升的情况。

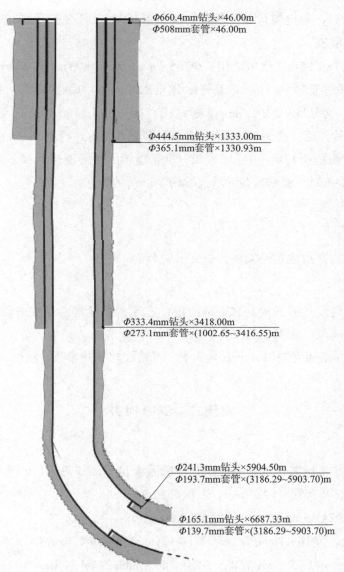

Φ660.4mm钻头×46.00m
Φ508mm套管×46.00m

Φ444.5mm钻头×1333.00m
Φ365.1mm套管×1330.93m

Φ333.4mm钻头×3418.00m
Φ273.1mm套管×(1002.65~3416.55)m

Φ241.3mm钻头×5904.50m
Φ193.7mm套管×(3186.29~5903.70)m

Φ165.1mm钻头×6687.33m
Φ139.7mm套管×(3186.29~5903.70)m

图2-57　PZH7-1D井井身结构示意图

24日10:36关半封反向循环，泵冲26冲/min、套压1.6~1.8MPa，钻具水眼连续出浆（出口流量7%）。12:40~14:00关井通过液气分离器循环排酸，排酸过程液流平稳未见气体；然后循环调整钻井液性能均匀。12月25日0:00~10:00控制吨位150~225t之间、间断扭转的方式尝试活动解卡、未成功。

（3）爆炸松扣。28日0:20组合通径仪器串下至井深2000.00m，在停泵原悬重184t位置，限反扭矩11kN·m，在悬重184~215t之间活动、传递扭矩，反转12圈，在第三次活动钻具匀速上提至悬重203t时钻具回弹、悬重降至185t，钻具反转开，停顶驱，上提钻具悬重190t不再上涨，继续上提1根单根后转动钻具，悬重稳定在184t，扭矩7~8kN·m，替入环空保护液后，起电缆检查。倒开、起出4in非标钻杆公扣完好，起出的下部10根钻杆有酸液腐蚀痕迹。

井内落鱼长185.95m，落鱼结构：Φ165.1mmPDC×0.27m+Φ128mm浮阀+Φ127mm回压阀+Φ161mm扶正器+Φ127mm无磁钻铤×9.23m+MWD悬挂短节+Φ101.6mm非标钻杆6根×57.78m+旁通阀+Φ101.6mm非标钻杆12根×115.51m。

（4）正扣钻具打捞。控制扭矩至10kN·m，排量6.5L/s、转速20r/min、钻压0.5t对扣成功，逐级增加扭矩至12kN·m完成紧扣；准备继续活动传递扭矩对下部落鱼进行紧扣，限扭矩至13.4kN·m时下部钻具转开后连续转动，钻具解卡。

损失时间8d。

4. 原因分析

旁通阀异常打开造成短路循环，造成干钻卡钻。

5. 专家评述

（1）加强工具入井前的检查和正确使用，发现参数异常，及时采取措施，要控制好扭矩、上提下放吨位，确保钻具安全。

（2）对于小井眼通井要以井下安全为主，严格控制钻井参数，精细刹把操作。

案例二　SHB14井

1. 基础资料

（1）井型：顺北14井是塔中北坡顺托果勒低隆14号断裂带一口四开制直探井。

（2）套管：三开套管Φ193.7mm，下深6522.20m。

（3）裸眼：Φ241.3mm钻头，钻深6523.00m。

（4）钻具组合：Φ165.1mmPDC+双母+Φ121mm浮阀+Φ127mmDC×7根+液压刮管器+Φ127mmDC×5根+Φ88.9mmHWDP×9根+Φ88.9mmDP+Φ114.3mmDP。

（5）钻井液性能：密度1.32g/cm^3、黏度45s、失水4.0mL、滤饼0.5mm、含砂0.1%、静切力2/6Pa、pH值10、Cl$^-$含量35000mg/L。

（6）钻达地层：恰尔巴克组；岩性：灰、深灰色灰质泥岩与泥质灰岩呈略等厚互层。

（7）故障井深：6407.45m；钻头位置：6407.45m。

（8）井身结构如图2-58所示。

2. 发生经过

2020年6月19日扫塞至井深6407.45m（理论球座位置6408.69~6409.06m）时仪器监测：扭矩由6.7kN·m升至10.8kN·m，转速由69r/min降至0r/min，上提钻具悬重由1777.1kN·m升至1927.6kN，最多下放至1606.1kN，多次上提下放未开，最大上提拉力

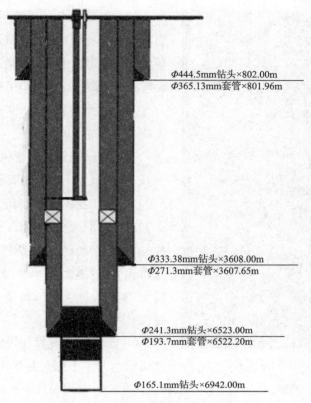

Φ444.5mm钻头×802.00m
Φ365.13mm套管×801.96m

Φ333.38mm钻头×3608.00m
Φ271.3mm套管×3607.65m

Φ241.3mm钻头×6523.00m
Φ193.7mm套管×6522.20m

Φ165.1mm钻头×6942.00m

图2-58 SHB14井井身结构示意图

2300kN，转顶驱33圈，扭矩0kN·m升至20kN·m未开，发生卡钻。

3. 处理过程

（1）循环、间断活动钻具。2020年6月21日循环、间断性活动钻具未解卡，活动吨位1600~2100kN（钻具原悬重1820kN），待浓度20%的盐酸到井泡酸施工。

（2）泡酸。6月21日泵入浓度20%的盐酸8m^3，排量12L/s，浓度20%盐酸出钻头2m^3，钻具水眼内剩酸6m^3，钻具施加12kN·m扭矩）。间断活动钻具，活动吨位1600~2000kN。6月22日泡酸过程中仪器监测：悬重由2101.7kN降至1557.2kN（原悬重1820kN），判断下部钻具断裂落井。

6月23日起钻完，检查发现Φ88.9mm钻杆本体距母接箍1.53m处断裂，落鱼结构：Φ165.1mmPDC×0.31m+Φ121mm双母×0.85m+Φ121mm浮阀×0.61m+Φ127mmDC×66.14m+Φ121mm球座×0.38m+Φ159mm刮管器×1.24m+Φ159mm扶正器×0.62m+Φ127mmDC×47.25m+Φ88.9mmHWDP×86.58m+Φ88.9mmDP×902.88m，落鱼总长1106.86m，理论鱼头位置5300.59m。起出Φ88.9mm钻杆本体断口不平整，断口高边到低边距离高度相差50mm，断口外径88.5mm，断口内径82mm，断口壁厚最大3mm，断口壁厚最小1mm。起出钻杆断裂缺口如图2-59所示。

图2-59 起出钻杆断裂缺口

（3）下篮状卡瓦打捞筒打捞。组合Φ143mm篮状卡瓦打捞筒（篮瓦Φ86mm），确定捞住落鱼，落鱼卡死。退出卡瓦打捞筒，卡瓦打捞筒控制环V形橡胶密封圈脱落，捞筒接头顶部无明显痕迹。

（4）下反扣钻具+反扣母锥倒坏鱼头。打捞未成功。

（5）下反扣钻具+篮状卡瓦打捞筒倒扣。组下反扣钻具+卡瓦打捞筒，开泵下探至井深5303.05m，遇阻10kN，排量9L/s，泵压9MPa升至11MPa，原悬重1340kN，停泵下压100kN，上提悬重至1700kN，判断打捞筒捞获落鱼，下放悬重至1490kN，开始倒扣反转20圈，扭矩10.2降至4kN·m，悬重1490降至1350kN，打捞筒出井没有带出坏鱼头。

（6）反扣钻具+反扣母锥。下入反扣钻具+反扣母锥，开泵下探至井深5302.78m，遇阻10kN，排量9L/s，泵压10MPa升至12MPa，原悬重1340kN，停泵每次下压5~10kN进行母锥造扣，直至下放悬重至1250kN，反转29圈，扭矩16.7kN·m降至10kN·m，悬重1250KN升至1360kN，上提下放活动钻具，在悬重1360kN时再次反转23圈，扭矩14kN·m降至3kN·m，上提悬重至1540kN降至1360kN。捞获落鱼28.82m，检查发现从第四根Φ88.9mm钻杆本体距母接箍1.79m处断裂如图2-60所示。

（7）下反扣钻具+篮状卡瓦打捞筒倒扣。下入篮状卡瓦打捞筒，开泵下探至井深5331.63m，遇阻10kN，排量8L/s，泵压12MPa升至14MPa，原悬重1340kN，停泵下压200kN，上提悬重至1420kN，反转25圈，扭矩11.5kN·m降至3kN·m，悬重1420kN降至1350kN，悬重比原悬重涨10kN，起钻检查未捞获落鱼。

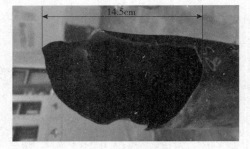

图2-60 起出新的钻杆断裂断口图

（8）下反扣钻具+反扣母锥倒坏鱼头。下钻反扣母锥打捞。捞获落鱼1008.51m，如图2-61所示；检查发现从扶正器公扣脱扣。

（9）下正扣钻具+震击器震击打捞3次。下入开式下击器震击打捞。捞获落鱼26.22m（液压刮

图2-61 第二次捞获鱼头起出照片

管器+球座+7根钻铤+浮阀+双母）。

（10）下双母接头。2020年7月15日下双母接头，捞获落鱼，故障解除。

捞获钻头水眼被水泥屑堵死，钻头长度0.31m没有变化，最小外径70mm，钻头与双母丝扣处带出一块钻杆皮（长64mm、宽62mm、厚4mm），起出落鱼钻头，如图2-62所示。

图2-62　起出落鱼钻头

损失时间25.73d。

4. 原因分析

（1）液压刮壁器球座质量缺陷导致循环短路，干钻钻进是本次故障发生的直接原因。

（2）钻塞、刮壁采用一趟钻作业方案不科学；钻塞技术方案制定不详细。

（3）操作人员未及时发现扭矩、泵压异常变化，没有及时采取措施。

5. 专家评述

（1）入井工具要在源头上保证质量，厂家要在工具出厂和送井前对工具进行探伤检测合格，保证送井工具质量；工具入井前要认真检查、丈量、绘制草图，操作使用时要严格按照操作手册要求执行。

（2）钻台值班记录表要详实填写相关参数，值班干部及工程师要定期检查确认，为异常处置提供有力依据。

（3）卡钻后，泡酸时间建议不超过2h将酸液循环出井筒，排酸时酸液出井口前走液气分离器，点长明火，防止气体伤人；纲级为G105钻杆不建议泡酸，防止对钻具损坏。

（4）针对泡酸后强度不够、壁厚变薄、不规则的鱼头，如果选用母锥进行打捞，建议选择丝扣螺纹与水眼相连接处不带台阶的母锥，更有利于打捞。

第三章　落物及管具断落故障

第一节　井下落物故障

井下落物是指尺寸较小的不规则或没有打捞部位或无法与打捞工具连接的落物，如牙轮、刮刀片、手工具等。这些落物掉到井底，给钻头正常钻进造成困难，整坏牙齿或刀片。掉到钻头或钻具稳定器上可直接造成阻力，起下钻挂卡。当嵌入井壁后，起下钻随时掉入井底或钻头上部，成为隐患。钻井作业中常见的井内落物故障见表3-1。

表3-1　钻井作业中常见的井内落物故障

序号	类型	主要特征	主要原因	预防措施	处理方法
1	掉钻头	1.无进尺； 2.扭矩、泵压下降； 3.悬重变化不大	1.钻头接头连接螺纹不一致，螺纹折断； 2.钻头连接未上紧，扭矩不够； 3.严重整跳，造成内螺纹涨大脱扣； 4.打倒车造成钻头螺纹倒扣	1.严格检查螺纹质量； 2.按规定达到上扣扭矩； 3.整跳时，调整钻压，控制钻头扭矩； 4.严防打倒车	1.钻头本体落井，可套铣打捞或下磨鞋磨铣； 2.螺纹脱扣可对扣打捞或用公锥造扣打捞
2	掉牙轮或刮刀片	1.钻进时严重整跳； 2.进尺降低或无进尺	1.产品质量材质加工存在缺陷； 2.使用不当，参数配合不合理，钻压扭矩过大； 3.使用时间过长； 4.操作失误如溜钻、顿钻，严重整跳	1.入井前严格检验钻头质量，采用合理参数； 2.遵守操作规程，防止钻头早期损坏，准确判断钻头使用状态	1.使用磨鞋磨碎； 2.使用打捞篮捞获； 3.使用强磁捞获； 4.使用一把抓
3	井口落物（接头、钳牙、卡瓦牙、手工具等）	1.未掉入井底，有整劲或不影响钻进； 2.起钻后或掉入井底严重整跳，无法钻进	未做好井口防护	1.起钻后盖好井口或在井口修理时管好工具和配件； 2.遵守操作规程	1.未掉入井底时下钻划眼通至井底； 2.视落物情况下打捞筒、强磁、一把抓或磨鞋
4	测井仪器与电缆掉井		1.连接不牢； 2.井内遇阻卡或上提速度过快； 3.井口操作失误（电缆打扭）	1.测井前，井筒畅通，井壁稳定，钻井液性能良好； 2.井口与仪器操作保持密切配合，按章操作	1.测井仪器带电缆时，采用钻杆穿心打捞工具捞获； 2.仅掉仪器时，可用长捞筒捞获

96

典型案例解析

案例一 SHB5-3井

1. 基础资料

（1）井型：部署在顺托果勒低隆北缘的一口开发评价井，直井。

（2）套管：一开套管 Φ339.7mm，下深999.18m。

（3）裸眼：Φ311.2mm钻头，钻深5161.31m。

（4）钻具组合：Φ311.2mm混合钻头+Φ228.6mmDC×18.88m+Φ306mmLF+Φ203.2mm NDC×9.28m+Φ203.2mmDC×64.82m+Φ177.8mmDC×74.47m+Φ139.7mmDP。

（5）钻井液性能：密度1.25g/cm³、黏度51s、塑黏21mPa·s、动切力7Pa、初终切2/7.5Pa、失水3.8mL、pH值9.5、滤饼0.5mm、坂含35g/L、固含11%、含砂0.2%、高温高压失水9.6mL、Cl^-含量28000mg/L、K^+含量15500mg/L、Ca^{2+}含量180mg/L、泥饼摩阻系数0.0737；钻井液体系：强封堵高酸溶聚磺钻井液。

（6）钻达地层：二叠系；岩性：深灰色英安岩。

（7）故障井深：5161.31m；钻头位置：5161.31m。

（8）SHB5-3井井身结构如图3-1所示。

2. 发生经过

2017年8月3日钻进至5161.31m，因钻时变慢循环投多点后起钻。4日0:00钻头出井检查，发现江汉混合钻头一牙轮巴掌断裂，牙轮落井。钻头使用井段5053.50～5161.31m，进尺107.81m，纯钻时间68h，机械钻速1.58m/h。钻头出井实物图，如图3-2所示。

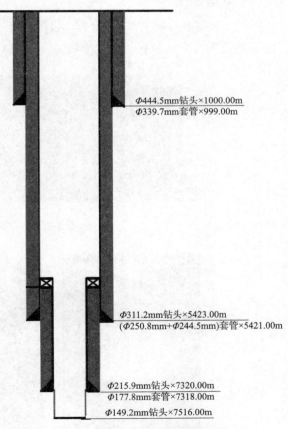

Φ444.5mm钻头×1000.00m
Φ339.7mm套管×999.00m

Φ311.2mm钻头×5423.00m
（Φ250.8mm+Φ244.5mm）套管×5421.00m

Φ215.9mm钻头×7320.00m
Φ177.8mm套管×7318.00m
Φ149.2mm钻头×7516.00m

图3-1 SHB5-3井设计井身结构示意图

图3-2 钻头出井实物图

3.处理过程

（1）下强磁打捞工具。2017年8月4日下入强磁打捞工具，未捞出钻头牙轮，检查强磁底部及下部磁条处有明显碰撞痕迹，如图3-3、图3-4所示。

图3-3 第一次入井强磁图

图3-4 第一次打捞出井图

（2）下入磨鞋+打捞杯。2017年8月6日下入磨鞋带打捞杯工具，磨铣井段：5160.92~5161.02m，磨铣进尺0.10m，磨铣期间反复出现蹩死转盘，至8日10:00起钻完，检查磨鞋已损坏，有环状磨损。入井磨鞋外径306mm，出井外径296mm，底部磨出环槽，中心突出部直径46mm，槽宽14mm，深22mm。捞杯内大量掉块，最大长8cm、宽4cm、厚1.5cm，以及铁屑，铁屑内存在大量磨鞋合金齿，如图3-5所示。

图3-5 第一次初井磨鞋及打捞物片

（3）下入磨鞋。2017年8月8日下入磨鞋，磨铣至井深5161.16m，磨铣进尺：0.14m，起钻完，捞杯捞出大量掉块，最大掉块长6.5cm、宽5.5cm、厚2.5cm。牙轮轴承滚珠3个，完整合金齿3颗及其他碎齿，牙轮本体铁屑较少，还有大量磨鞋合金齿，如图3-6所示。

图3-6 第二次磨鞋及打捞物出井事物图

（4）下入磨鞋。2017年8月11日下入磨鞋，磨铣至井深5161.19m，进尺0.03m，磨铣过程中扭矩变化较大，间断有蹩死顶驱现象。起钻完，磨鞋底部正常磨损，磨鞋侧面有明显横竖的刮痕。出井捞杯装满，铁屑较多但块状物少，有部分牙轮碎齿，判断井底牙轮已破碎。捞杯出井最大铁屑长35mm、宽30mm、厚5mm，如图3-7所示。

损失时间9.71d。

图3-7　第三次出井磨鞋及打捞物

4. 故障原因

钻头厂家推荐纯钻时间100~150h，本井钻头实际纯钻时间68h，施工钻压140~160kN，转速80r/min，纯钻时间和施工参数均符合推荐值。分析认为地层英安岩研磨性强，加之混合钻头内锥复合片强度不足，钻头顶部的复合片钻遇英安岩后磨损过快，导致钻头掏心，牙轮巴掌在钻头掏心后整体结构失去平衡，被撕裂落井。钻头不适应二叠系极硬英安岩地层。

5. 专家评述

（1）该钻头内锥部分强度偏低，不能很好地破岩效果，需要对混合钻头PDC部分和牙轮部分进行改进，钻头厂家应提高该类钻头的抗研磨性，严把钻头出厂质量关，保证施工安全。

（2）在顺北5井区英安岩地层钻进中，要注意控制使用时间，出现参数异常等情况时，应立即起钻检查。

（3）应储备匹配混合钻头规格尺寸的高效镶齿磨鞋，提高故障复杂处理时效。

案例二　TL6井

1. 基础资料

（1）井型：四川盆地川东一口四开制评价直井。

（2）套管：三开套管Φ193.7mm，下深5065.00m。

（3）裸眼：Φ193.7mm钻头，钻深5398.16m。

（4）钻具组合：Φ444.5mm牙轮钻头+Φ279.4mmDC×2根+Φ241.3mmDC×4根+Φ203.2mmDC×8根+Φ203.2mm震击器+Φ203.2mmDC×2根+Φ139.7mmHWDP×6根+Φ139.7mmDP。

（5）钻井液性能：密度1.41g/cm³、黏度95s、塑黏28mPa·s、动切力17Pa、静切力8/18Pa、pH值9、失水3.4mL、滤饼0.5mm、坂含45g/L、含砂0.2%、Cl⁻含量21500mg/L、Ca²⁺含量420mg/L；钻井液体系：聚合物钻井液。

（6）地层：吴家坪组；岩性：深灰色泥岩、含灰泥岩、黑色碳质泥岩。

（7）故障井深：5398.16m；钻头位置：5398.16m。

（8）井身结构如图3-8所示。

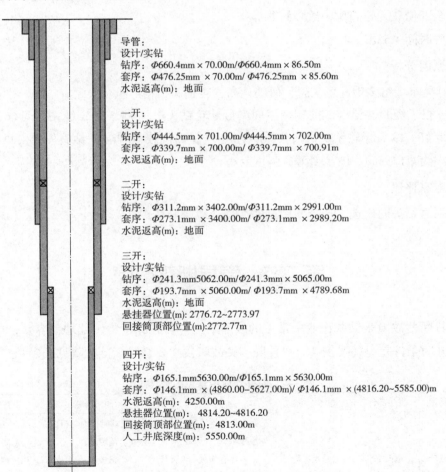

导管：
设计/实钻
钻序：Φ660.4mm×70.00m/Φ660.4mm×86.50m
套序：Φ476.25mm×70.00m/Φ476.25mm×85.60m
水泥返高(m)：地面

一开：
设计/实钻
钻序：Φ444.5mm×701.00m/Φ444.5mm×702.00m
套序：Φ339.7mm×700.00m/Φ339.7mm×700.91m
水泥返高(m)：地面

二开：
设计/实钻
钻序：Φ311.2mm×3402.00m/Φ311.2mm×2991.00m
套序：Φ273.1mm×3400.00m/Φ273.1mm×2989.20m
水泥返高(m)：地面

三开：
设计/实钻
钻序：Φ241.3mm×5062.00m/Φ241.3mm×5065.00m
套序：Φ193.7mm×5060.00m/Φ193.7mm×4789.68m
水泥返高(m)：地面
悬挂器位置(m)：2776.72~2773.97
回接筒顶部位置(m)：2772.77m

四开：
设计/实钻
钻序：Φ165.1mm×5630.00m/Φ165.1mm×5630.00m
套序：Φ146.1mm×(4860.00-5627.00m)/Φ146.1mm×(4816.20~5585.00)m
水泥返高(m)：4250.00m
悬挂器位置(m)：4814.20~4816.20
回接筒顶部位置(m)：4813.00m
人工井底深度(m)：5550.00m

图3-8 TL6井身结构示意图

2. 发生经过

2017年4月10日钻进至5398.16m，立压21MPa降至19.5MPa，悬重无变化（170t），判断钻具或者牙轮出现问题，起钻检查钻具。起钻完发现牙轮钻头3#轮从巴掌顶部断掉，两个压力补偿系统磨损并刺坏。牙轮钻头磨损严重，最大外径143mm。

3. 处理过程

（1）下磨鞋磨铣。2017年3月10日下Φ145mm高效磨鞋。磨铣钻压10~30kN，转速45~55r/min，扭矩12~20kN·m，排量13L/s，立压17MPa。起钻完，测量磨鞋底中间位置出现直径90mm（底部直径60mm），深度25mm凹型坑。

（2）下强磁打捞。2017年4月13日下入Φ128mm半剖式强磁打捞器，起钻完，现场分析已全部捞获牙轮碎块，故障解除。

损失时间4.53d。

4. 原因分析

（1）吴家坪组多为硅质灰岩，研磨性高，对钻头损伤严重。

（2）犯了经验性错误。前期使用同型号牙轮钻头进尺75.37m，纯钻时间66.83h，起出钻头完好。本只牙轮钻头进尺仅30.79m，纯钻时间仅40.45h，钻头外径由Φ165.1mm外径变小为Φ143mm，巴掌变薄，强度变小。

5. 专家评述

加强对钻头的优选，选择使用抗磨性适合地层的钻头。

第二节　管具断落故障

管具断落故障是钻井作业中常见的故障之一。若井况正常，处理也容易，成功率较高。若井筒条件差，井况复杂，可伴随卡钻故障发生。管具断落故障见表3-2。

表3-2　钻井作业中常见的管具故障

序号	类型	发生部位	主要特征	主要原因	预防措施	主要处理方法
1	钻杆断落	靠近内螺纹端本体	1.悬重突降；2.泵压下降	1.扭矩与拉力超过钻杆屈服极限；2.本体有伤痕（卡瓦牙刻痕）蚀坑或制造缺陷（裂纹）；3.过度磨损、疲劳破坏	1.处理时拉力与扭矩应在安全范围内；2.严格检验入井钻具，不符合要求的钻具严禁使用；3.编组倒换钻具	1.断口整齐采用母锥；2.断口不整齐采用卡瓦打捞筒

续表

序号	类型	发生部位	主要特征	主要原因	预防措施	主要处理方法
2	钻铤及井下工具断落	常发生在中和点附近钻铤及井下工具的外螺纹根部		1.钻铤受力复杂,易疲劳破坏; 2.螺纹加工质量欠佳,应力集中; 3.存在裂纹或缺陷	1.定期倒换或卸扣; 2.定期探伤; 3.提高加工质量,不合格不得入井使用	1.采用公锥造扣; 2.鱼顶不规则,修整后采用公锥或母锥; 3.卡瓦打捞筒
3	滑扣	螺纹纵向受力后滑开	3.扭矩减少 4.无进尺	1.螺纹严重磨损,接触面减少; 2.扣型不标准,不易上紧; 3.未按规定扭矩紧扣	1.不合格或有缺陷的螺纹严禁入井使用; 2.使用液压大钳按规定扭矩紧扣	1.螺纹完好,对扣打捞; 2.使用公锥或母锥; 3.使用卡瓦打捞筒
4	脱扣	螺纹磨损扭转时自行退开		1.整钻后打电车造成倒扣; 2.未按规定扭矩紧扣,致使外螺纹接头膨大(磨薄)	1.在夹层砾岩中钻进时,严重整钻; 2.使用液压大钳按规定扭矩紧扣	1.螺纹完好,对扣打捞; 2.使用公锥或母锥; 3.使用卡瓦打捞筒
5	丝扣刺落	螺纹连接处被钻井液刺蚀	螺纹或者管体刺穿后,部分短路循环,泵压下降,钻速下降,长时间刺漏造成折断	1.密封脂不合格,或未涂抹均匀; 2.螺纹未上紧或螺纹有缺陷; 3.直接变化处产生紊流,刺坏管壁和螺纹	1.使用合格的螺纹密封脂,并涂抹均匀; 2.按规定扭矩紧扣; 3.泵压下降时及时起钻检查	1.准确判断,及时起钻检查; 2.起钻时,严禁转盘卸扣

典型故障案例解析

案例一 TP174X井

1.基础数据

（1）井型：TP174X井是塔里木盆地一口三开制定向开发井。

（2）套管：二开套管Φ193.7mm,下深6057.00m。

（3）裸眼井深：Φ165.1mm钻头,钻深6159.20m

（4）钻具组合：Φ165.1mmPDC+浮阀+Φ88.9mmHWDP×30根+88.9mmDP。

（5）钻井液性能：密度1.17g/cm³、黏度48s、塑黏14mPa·s、API失水3.6mL、动切7Pa、静切1/4Pa、pH值10、坂含28g/L、含砂0.1%、泥饼摩阻系数0.058、固含7%；钻井液体系：混油聚璜钻井液。

（6）地层：奥陶系一间房组；岩性：浅灰色泥晶灰岩。

（7）故障井深：1543.00m；钻头位置：6159.20m。

（8）井身结构如图3-9所示。

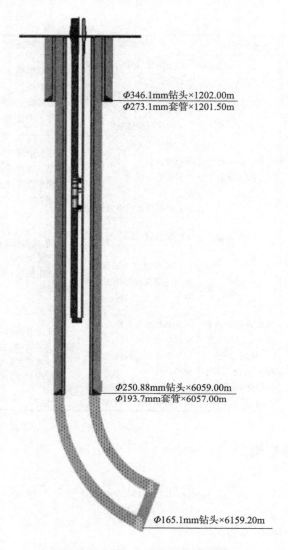

Φ346.1mm钻头×1202.00m
Φ273.1mm套管×1201.50m

Φ250.88mm钻头×6059.00m
Φ193.7mm套管×6057.00m

Φ165.1mm钻头×6159.20m

图3-9　TP174X井身结构示意图

2. 发生经过

2014年3月18日9:00起钻至1543.00m，因测试管柱中深井抽泵泵座工具未到井，暂停起钻。11:00白班司钻关 $3\frac{1}{2}$ in上半封，进行环空液面监测，11:30监测完通知继续起钻，司钻操作失误，未开防喷器，上提钻具，将最上部一根钻具从母扣端面1.55m处拔断，下部钻具落井，钻杆母扣端面如图3-10所示。

图3-10　钻杆母扣断裂面

井内落鱼：Φ165.1mmPDC钻头＋浮阀＋Φ88.9mmHWDP×30根＋旁通阀＋Φ88.9mmDP×44

柱，落鱼总长1541.12m。

3. 处理过程

组合GMZ31-95×65母锥打捞，下钻至4623.78m探到鱼顶。打捞钻具悬重106t，母锥进鱼顶有效造扣5扣，最高上提钻具至144t后悬重回落至140t不降。打捞成功，故障解除。

损失时间0.75d。

4. 原因分析

司钻工作责任心不强，工作疏忽，在没有确定防喷器完全打开的前提下盲目上提钻具，是此次故障的主要原因。

5. 专家评述

严重操作失误，司钻和副司钻确定防喷器完全开到位后方可进行下步作业（条件具备先将井内管具下放1个单根以上无显示）。

案例二　N209H22-4井

1. 基本情况

（1）井型：N209H22-4井是四川盆地长宁背斜构造中奥顶构造南翼的一口页岩气水平井。

（2）套管：导管Φ508mm，下深50.00m。

（3）裸眼：Φ406.4mm钻头，钻深363.00m。

（4）钻具组合：Φ406.4mmPDC钻头+5LZ286×7.0+Φ229mm减震器+Φ228.60mm×9.00m+Φ400mm直棱型稳定器×Φ228.6mm×17.88m+Φ203.20mmNDC+8.65m+Φ203.2mmDC。

（5）钻井液性能：密度1.17g/cm³、黏度48s、塑黏14mPa·s、API失水3.6mL、动切7Pa、静切1/4Pa、pH值10、坂含28g/L、含砂0.1%、泥饼摩阻系数0.058、固含7%；钻井液体系：聚磺（混油）钻井液。

（6）钻达地层：须家河组；岩性：细～中粒石英砂岩及黑灰色岩不等厚互层夹薄煤层。

（7）故障井深：363.00m；钻头位置：363.00m。

（8）井身结构如图3-11所示。

2. 发生经过

2018年8月29日21:18使用Φ406.4mm钻头钻进至363.00m钻时变慢，司钻发现泵压8MPa降至4MPa后上提钻具，再次接触井底扭矩波动，排除地面因素后，循环一周，起钻检查钻具。8月30日1:00起钻完发现扶正器母扣根部断裂（图3-12）。

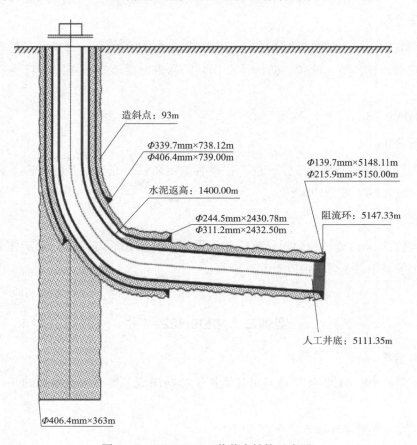

造斜点：93m

Φ339.7mm×738.12m
Φ406.4mm×739.00m

水泥返高：1400.00m

Φ139.7mm×5148.11m
Φ215.9mm×5150.00m

Φ244.5mm×2430.78m
Φ311.2mm×2432.50m

阻流环：5147.33m

人工井底：5111.35m

Φ406.4mm×363m

图3-11　N209H22-4井井身结构示意图

图3-12　扶正器母扣根部断裂

落鱼结构：Φ406.4mm钻头×0.5m+Φ286mm螺杆×9.88m+Φ228mm减震器×2.81m+Φ228.6mm钻铤×9.00m+Φ399mm螺旋扶正器（断裂）×1.63m（扶正器原长1.75m，本体直径228.6mm，水眼内径72mm，断裂母扣0.12m连在Φ228.6mm钻铤公扣上起出），落鱼长度23.82m，鱼头位置339.18m。

3. 处理过程

（1）两次公锥打捞。8月30日使用两只公锥打捞，冲洗鱼头、造扣成功，开泵泵压6MPa不降，多次上提钻具落鱼滑脱，最大上提至160t，未能打捞落鱼，两次公锥打捞落鱼上移1.00m。10:00起钻完发现公锥本体有划痕（图3-13）。

（a）第一只公锥　　　　　　　　　　　（b）第二只公锥

图3-13　两只公锥出井（本体有划痕）

（2）高强度公锥+震击器打捞。8月31日组合高强度公锥配合震击器进行造扣打捞，分段上提钻具悬重至40t、60t、80t、100t震击4次，悬重100t时第4次震击公锥滑脱（原悬重40t），下放至鱼头位置再次造扣无扭矩，起钻检查公锥。公锥出井后本体0.50m处断裂，0.50m留在扶正器水眼内不露头（扶正器水眼内径72mm，断裂公锥处外径72mm）（图3-14）。

（3）冲洗鱼头、清砂。8月31日21:00组合加工套管循环短节清砂，钻具组合：$\varPhi$339.7mm短套管+循环头+$\varPhi$127mm钻杆，下钻至井深334.00m遇阻，开泵循环清砂至336.00m，距鱼头位置2.18m遇阻，起钻检查。9月1日2:30起钻完，套管短节内夹带一块31cm×27cm×15cm掉块（图3-15）。

图3-14　起出公锥0.50m处断裂　　　　　图3-15　掉块31cm×27cm×15cm

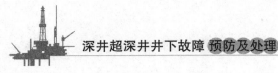
（4）卡瓦打捞筒+震击器。9月1日15:30组合螺旋卡瓦打捞筒+震击器进行打捞，多次探到鱼头但落鱼未能进入捞筒。

（5）捞杯捞取掉快。9月2日使用自加工短套管循环捞杯打捞3次，捞杯内充满沉砂掉块，套管内夹带两块30cm×28cm×15cm砂岩掉块（图3-16）。

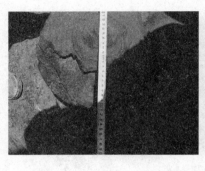

图3-16　掉块30cm×28cm×15cm

（6）篮状卡瓦打捞筒+震击器打捞。9月2日下入篮状卡瓦打捞筒+震击器，捞获鱼头后，由于下部钻具砂埋卡死，倒扣起钻，震击器与卡瓦打捞筒留在井底，落鱼结构：Φ406.4mm钻头×0.50m+Φ286mm螺杆×9.88m+减震器×2.81m+Φ228.6mm钻铤×9.00m+Φ399mm螺旋扶正器（断裂）×1.63m+LT-298mm×0.95m+震击器×4.24m（内径72mm），落鱼总长29.01m，鱼头位置331.25m。

（7）反扣钻具倒扣。

①使用倒扣器倒扣，倒扣器上部丝扣滑脱，倒扣打捞未成功。

②使用反扣公锥倒扣，公锥本体0.72m处断裂。

（8）环空冲铣、震击打捞。下铣锥3次均遇阻，9月11日第4次下入铣锥磨铣，钻具组合：Φ118mm铣锥+Φ88.9mm钻杆×4根+311×ZY52+Φ127mm钻杆。铣锥磨铣至钻头刀翼部位遇卡，转动顶驱解卡时，悬重下降至38t恢复正常，扭矩由10.3kN·m降至0kN·m，泵压由8.24MPa降至4MPa。9月12日起钻完，Φ88.9mm钻杆第二根本体9.11m处断裂（图3-17），下部钻具落井。

次落鱼结构（位于老落鱼环空）：Φ118mm铣锥×0.91m+211×310接头×0.49m+Φ88.9mm

图3-17　Φ88.9mm钻杆本体9.11m处断裂

钻杆×19.95m，落鱼总长21.35m，落鱼位置338.21~359.56m，鱼顶为Φ88.9mm钻杆本体。

主落鱼结构：$\Phi406.4$mm钻头×0.50m+$\Phi286$mm螺杆×9.88m+减震器×2.81m+$\Phi228.6$mm钻铤×9.00m+$\Phi399$mm螺旋扶正器×1.63m+LT-298mm×0.95m+超级震击器×4.24m，落鱼总长29.01m，鱼顶331.25m，落鱼位置331.25~360.26m。

（9）下$\Phi197$mm超级震击器+$\Phi197$mm加速器打捞（老落鱼）。9月12日下$\Phi197$mm超级震击器+$\Phi197$mm加速器打捞，下放钻具对扣成功，上提140~180t震击，落鱼上移6.40m，多次震击落鱼无上移迹象，正转从正反接头处倒开，起钻填井侧钻。

井内主落鱼结构：$\Phi406.4$mm钻头×0.50m+$\Phi286$mm螺杆×9.88m+减震器×2.81m+$\Phi228.6$mm钻铤×9.00m+$\Phi399$mm螺旋扶正器×1.63m（断裂）+LT-298mm×0.95m+超级震击器×4.24m+631×520反扣×0.49m，落鱼总长29.50m，鱼顶324.36m，落鱼位置324.36~353.86m；

次落鱼结构（位于老落鱼环空）：$\Phi118$mm铣锥×0.91m+211×310接头×0.49m+$\Phi88.9$mm钻杆×19.95m，落鱼总长21.35m，鱼顶为$\Phi88.9$mm钻杆本体，落鱼位置338.21~359.56m（预计，无法判断是否随主落鱼一起上移）。

（10）填井侧钻。

损失时间15.8d。

4.原因分析

（1）扶正器使用35h发生断裂，存在质量问题。

（2）上部地层钻进蹩跳钻严重，对钻具损伤大。

（3）长宁区域浅表层地层易失稳掉块，采用清水钻进（环保要求），容易造成扭矩突然增加，蹩断钻具；后期砂子下沉埋住落鱼，造成打捞处理困难。

5.专家评述

（1）在钻进出现异常后，对井下情况判断正确，及时采取了起钻检查措施。

（2）打捞措施不当，用震击器震击的做法不合适。

案例四　N209H25-5井

1.基本情况

（1）井型：N209H25-5井是四川盆地的一口页岩气水平井。

（2）套管：一开套管$\Phi339.7$mm，下深726.00m。

（3）裸眼：$\Phi311.2$mm钻头，钻深2031.00m。

（4）钻具组合：$\Phi311.2$mmPDC+$\Phi216$mmLG×0°+$\Phi203.2$mmDC×2根+止回阀+$\Phi139.7$mmHWDP×13根+$\Phi139.7$mmDP。

（5）钻井液性能：密度1.51g/cm^3、黏度220s、初切/终切12/32Pa、动切力31Pa、失

水4mL、滤饼0.5mm、含砂量0.3%、pH值9；钻井液体系：聚胺防塌钻井液。

（6）钻达地层：地层茅口组；岩性：灰岩。

（7）故障井深：2031.00m；钻头位置：2031.00m。

（8）井身结构如图3-18所示。

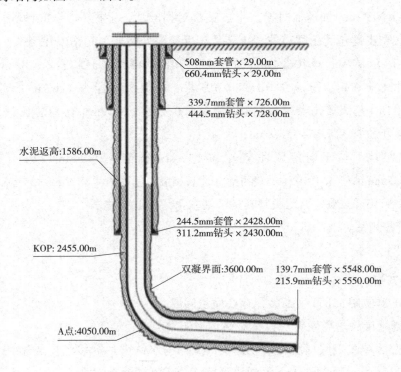

图3-18　N209H25-5井井身结构示意图

2. 发生经过

2018年12月28日，二开钻进至井深2031.00m，循环20min后，泵压突然由23MPa降至15MPa，悬重由原来98t降至92t，上提5.00m后，下放至原井深未遇阻，继续下探钻具10.00m仍然无遇阻显示，随即决定起钻检查钻具。12月29日02：20起钻完，发现Φ139.7mm加重钻杆倒数第三根公扣与第二根母口连接处断开，倒数第三根公扣端断掉至母节箍内。

落鱼管串：Φ311.2mmPDC钻头×0.33m+Φ216mm螺杆×8.50m+Φ203.2mm钻铤×18.25m+631×520×0.40m+Φ139.7mm加重钻杆×18.62m。

落鱼长46.13m，鱼顶1981.87m。

3. 处理过程

（1）公锥造扣。打捞钻具组合：公锥+Φ127mm钻杆1根（据公扣端3.00m处拉弯5°左右）+Φ139.7mm钻杆鼠洞拉弯钻杆，接公锥。

一次对扣成功，施加钻压2t，开单泵，泵压17MPa，顶通5min，泵压下降1MPa，停泵，轻转4圈，再下压1t，轻转5圈，上提至110t未开，放至82t，单泵反转50r/min、9MPa，双泵、19.5MPa，顶驱反转90r/min，判断公锥造扣成功。为了防止公锥脱扣，决定下步泡酸处理，每1h开泵顶通5min确保水眼畅通。

（2）泡酸处理。12月30日泵车注20%酸11m³，泡酸期间钻具活动范围120~70t，泡酸4h，期间间隔活动钻具，未解卡。

以46L/s的排量排酸，在活动钻具后解卡，起出公锥。

损失时间2.64d。

4. 原因分析

（1）龙潭组存在煤层掉块，掉块易沉积卡钻头，造成打捞困难。

（2）煤层掉块不易与酸起反应，造成泡酸效果不明显，只有通过反转把作用力传至钻头位置，疏通解卡效果好。

5. 专家评述

这是一起典型的钻具疲劳破坏，应强化钻具探伤、检查与使用管理。

第四章　完井故障

第一节　测井故障

在测井过程中，由于井下情况的复杂或由于地面操作的失误，常常会发生卡仪器、卡电缆、掉仪器、断电缆等故障。

一、测井故障发生的原因

（1）在下有表层套管或技术套管时，由于长期起下钻的磨损，会把套管磨破，尤其是最容易把套管鞋磨破，形成纵向破口，这个破口肯定在井眼倾斜的下侧，正是电缆经过的部位。下行时，仪器进不了破口，但上行时电缆可进入破口，而仪器却通不过破口，于是仪器被卡。

（2）裸眼井段的井径不规则，大小井径相差悬殊，形成许多壁阶。在井斜较大壁阶较突出的井段，仪器上下运行均可能遇阻，尤其在起下若干次后，在某突出井段形成键槽，则仪器更不容易起出。

（3）井壁坍塌：井壁坍塌现象是经常发生的，只不过有大小之分而已，如果在电测进行期间，适逢井壁大量坍塌，则仪器很可能被塌块所阻。

（4）钻井液性能不好，特别是切力太小，钻屑和塌块携带不干净，也不能均匀地分散在井筒内的钻井液中，容易沉降堆积在一起，形成砂桥，阻碍了仪器的运行。另外，钻井液的固相含量大、滤失量大、形成的井壁滤饼较厚，也容易把电缆黏附在井壁上。

（5）地面操作失误：如转盘转动将电缆绞断；绞车工操作失误把仪器从井口拽断；天、地滑轮固定不好，未及时发现，电缆下入过多，盘结成团，则上起遇阻甚至起不出来。

（6）测井过程中发生井涌、井喷，来不及起出测井仪器，紧急关井实施电缆剪断造成的落井。

二、测井故障的预防

（1）钻井一开始就要为完井做准备，要严格控制井身质量，力争做到井斜变化率小，井径扩大率小，为顺利测井创造条件。

（2）搞好钻井液性能，使其与地层特性配伍，减少垮塌；并具有良好的携砂能力，能把钻屑与塌块排出井筒外。测井之前，充分循环钻井液，把积砂冲洗干净，使全井筒钻井液性能均匀稳定。

（3）如果钻井施工时间过长，应对套管采取保护措施，如在钻杆上装胶皮护箍，或加防磨接头，减少套管的磨损。套管鞋应用套管接箍制作，不能用套管螺纹保护器代替，下部必须车成45°坡口。

（4）测井前起钻，要控制起钻速度，防止抽吸，导致井壁不稳。对井底500.00m井段最好短程起下钻1次，确保畅通无阻，再进行测井。

（5）起钻时要连续灌入钻井液，保持环空液面不降，液柱压力不降。在测井过程中上起电缆时也要灌入钻井液，不使松散地层垮塌。

（6）每次测井前，钻井队要向测井队交代清楚井下情况，如井深、井径、套管鞋深度、起下钻遇阻遇卡情况、井内落物、泥浆性能及各种异常显示等，以供测井队参考。

（7）连续测井时间不可过长，如在24h内测不完所有项目，应在通井循环钻井液后再测。

（8）上提仪器遇阻，应耐心活动，上提拉力不应超过电缆极限拉力，绝不允许将电缆拉断。

（9）在靠近仪器的电缆上应有不少于两个非常明显的记号，仪器到井口附近时必须慢起，绞车司机要听井口工的指挥，防止拽断电缆。

（10）仪器与电缆的连接处是一个弱点，上提到一定拉力时，应从此处脱节，而不应破坏电缆。

（11）有些井段，下行时遇阻，上行时并不遇阻，可以多次试下，甚至改变仪器结构再下；有些井段下行遇阻，上行也遇阻，这就应引起足够的警惕，最好是通井循环划眼后再测，不要在不安全的环境下进行测井工作。

（12）要做好地面的一切防范工作，如天、地滑轮固定要牢靠，转盘一定要锁死，在测井期间，钻台上不许进行有碍测井的工作。

（13）测井队的绞车司机、井口工、仪器操作员必须严守岗位。钻井队在钻台上也必须有专人值守，以便随时与测井队配合。

三、测井故障的处理

电缆故障大多是由于仪器遇卡而造成，但也有电缆黏附于井壁滤饼中的故障发生。

仪器遇卡后，往往企图从仪器的联结处拔脱，这种情况若搞得不好，可能会从电缆本身拔断，故障就恶化了。

（1）卡电缆或仪器，电缆未断。采用穿心打捞，工艺及工具见第五章第三节（电缆、仪器打捞工具）中穿心打捞工艺介绍。

（2）电缆折断，未从马笼头处断开。采用内捞毛矛打捞，工艺及工具见第五章第三节（电缆、仪器打捞工具）中对内捞矛的介绍。

（3）仅测井落井仪器落井。采用打捞筒打捞，工艺及工具见第五章第三节（电缆、仪器打捞工具）中对打捞筒及工艺的介绍。

四、典型案例解析

案例一　SNP1井

1. 基础资料

（1）井型：布置在塔中一口五开制直探井。

（2）套管：三开套管Φ193.7mm，下深7079.00m。

（3）裸眼：Φ165.1mm钻头，钻深7661.00m。

（4）钻具组合：马笼头+防转短节+防灌短节+传输短节+连斜+井径+防灌短节+偶极子声波测井仪。仪器串总长27.89m。仪器最大外径79mm（偶极子声波仪器），本体外径70mm。最小外径70mm（马笼头部位）。

（5）地层：寒武系上统下丘里塔格组；岩性：粉晶白云岩，细晶白云岩，灰白色中晶白云岩。

（6）钻井液性能：密度1.75g/cm³、黏度50s、塑黏22mPa·s、pH值10、失水1.4mL、滤饼0.5mm、高温高压失水10mL、坂含25g/L、固含27.0%、含砂0.1%、含油5%、Cl⁻含量7100mg/L、Ca²⁺含量210mg/L；钻井液体系：抗高温聚磺钻井液。

（7）故障井深：7618.00m

（8）井身结构如图4-1所示。

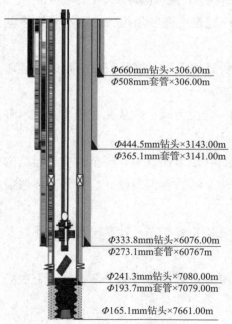

Φ660mm钻头×306.00m
Φ508mm套管×306.00m

Φ444.5mm钻头×3143.00m
Φ365.1mm套管×3141.00m

Φ333.8mm钻头×6076.00m
Φ273.1mm套管×60767m

Φ241.3mm钻头×7080.00m
Φ193.7mm套管×7079.00m
Φ165.1mm钻头×7661.00m

图4-1　SNP1井井身结构示意图

2. 发生经过

2019年3月1日进行第一趟标准项目+偶极子声波测井施工正常，起下均无阻卡显示；

第二趟偶极子声波仪器（仪器全长27.89m）下放到底，第二趟测井施工正常。检查偶极子声波资料数据及井斜数据，发现偶极子部分数据异常，井斜数据与钻井方提供数据误差较大，依据《测井原始曲线验收规范》要求，下放仪器至井底验证（与上趟施工间隔时间40min），上测至7618.00m遇卡。

3. 处理过程

（1）穿心打捞。

3月4日下打捞钻具下探鱼顶，7592.00m有遇阻显示（理论鱼顶7591.10m），测井电缆张力无变化，逐渐上提至240t（原悬重200t），判断打捞筒已经套住仪器，但仪器未解卡，后反复上提至240t，下压160t均未解卡。

11∶00加长井内电缆长度，增加钻具活动空间，向下活动时，电缆在无张力变化的情况下发生断裂，加重块以及快速接头以下电缆落入水眼，落井电缆长度预计为7595.00m。

16∶00钻井队接顶驱，在160~240t变化吨位上下活动钻具，间断开动转盘，扭矩无异常，上提吨位最大260t，上提2次无法解卡，转动顶驱，磨测井旋转短节仪器轴承，转速30r/min，扭矩10~11kN·m；后增加上下活动吨位50~260t，间断转动转盘，上提至悬重212t后无变化，判断测井旋转短节被磨断，决定起钻。

起钻至7378.00m时见测井电缆，拉断电缆，回收测井电缆完，未见电缆弱点，从起出电缆长度判断可能存在少量电缆在水眼内（打捞筒出井后，电缆弱点上方还有约12cm电缆）。

3月6日起钻至井口，发现测井旋转短节轴承处断裂，打捞筒+马笼头+旋转短节上部1.50m仪器出井，井内剩余仪器长度26.40m，组合为：旋转短节（下部）+防灌短节+遥测伽马短节+连斜+井径线路+四臂井径+防灌短节+交叉偶极子声波。计算落鱼顶位置7594.50m。

（2）套铣打捞仪器。

3月9日组合套铣筒，套铣至7634.74m，卡套铣管，活动吨位155~235t，震击器工作正常，下击38次，上击7次未解卡。

3月12日循环降井浆密度至1.36g/cm³，注浓度20%盐酸10m³，判断套铣筒解卡。3月14日起钻完，打捞筒从大小头母扣端根部断裂，落鱼总长26.31m，鱼顶位置7598.69m（理论计算鱼顶位置）。落鱼结构：打捞筒本体（0.66m）+Φ140mm套铣筒×3根+Φ150mm铣鞋。

（3）下打捞矛2次。落鱼未捞获。

井内落鱼：测井仪器一串，套铣筒，实际探得鱼顶深度为7613.73m，考虑后期处理难度太大，不再打捞。

4. 原因分析

（1）遇卡井段裂缝较发育，存在漏失井段，测井仪器上测过程中突然遇卡，分析可

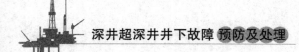

能是仪器黏卡。

（2）操作失误。该井段前两次仪器测井正常说明井眼畅通无阻卡，第三次突然遇卡后活动不开，存在思想上放松警惕。

损失时间20.77h。

5. 专家评述

（1）针对高温井测井施工，要充分考虑温度对钻井液性能的影响。施工过程中应及时结合井内情况分析判断风险是否增加，及时采取有效措施降低风险。

（2）在后期处理套铣筒遇卡故障过程中，采取大吨位震击方式尝试解卡，套铣筒大小头存在薄弱环节，造成套铣筒断裂，致使故障进一步复杂化。

（3）穿心打捞过程中，电测方导向滑轮转动不灵活，加之井深仪器电缆悬重大，造成电缆疲劳损坏。在和第三方配合特殊作业期间对井下可能发生的复杂情况沟通清楚，做好应急预案。

案例二　YSH1井

1. 基础资料

（1）井型：四川盆地川西坳陷洛带构造的一口五开制预探井直井。

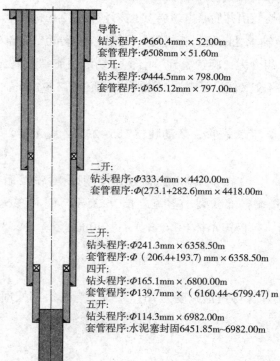

导管：
钻头程序：$\Phi 660.4mm \times 52.00m$
套管程序：$\Phi 508mm \times 51.60m$
一开：
钻头程序：$\Phi 444.5mm \times 798.00m$
套管程序：$\Phi 365.12mm \times 797.00m$

二开：
钻头程序：$\Phi 333.4mm \times 4420.00m$
套管程序：$\Phi (273.1+282.6)mm \times 4418.00m$

三开：
钻头程序：$\Phi 241.3mm \times 6358.50m$
套管程序：$\Phi (206.4+193.7)mm \times 6358.50m$
四开：
钻头程序：$\Phi 165.1mm \times .6800.00m$
套管程序：$\Phi 139.7mm \times (6160.44\sim6799.47)m$
五开：
钻头程序：$\Phi 114.3mm \times 6982.00m$
套管程序：水泥塞封固 $6451.85m\sim6982.00m$

图4-2　YSH1井井身结构示意图

（2）套管：四开套管$\Phi 139.7mm$，下深$6160.44\sim6709.47m$。

（3）裸眼：$\Phi 114.3mm$钻头，钻深$6982.00m$。

（4）钻具组合：马笼头+张力短节+遥传+电成像电子+电成像推靠+导向胶锥。

（5）地层：三叠系下统飞仙关组；岩性：灰紫、紫红、灰绿色砂泥质灰岩夹粉砂岩、泥页岩。

（6）钻井液性能：密度$2.16g/cm^3$、黏度53s、pH值11、失水2.0mL、滤饼0.5mm、固含40%、含砂0.2%、初切/终切7/13Pa、动切12.0Pa、塑黏36mPa·s、坂含15g/L；钻井液体系：抗高温抗盐防塌聚合物钻井液。

（7）故障井深：6488.00m。

（8）井身结构如图4-2所示。

2. 发生经过

2017年2月8日，电成像仪器下至井底6699.00m，上提测井至6637.00m遇卡，张力增至2850kg后通过卡点。上提测井至6488.00m再次遇卡，反复开收推靠臂，上下活动电缆仍无法解卡。缓慢增大张力到3050kg，无解卡迹象；以200kg为单位逐步增加张力，同时反复开收推靠臂尝试解卡无果。张力增至4300kg后，突然减小至1900kg。8日17:00电缆起出井口，马笼头处张力棒拉断。

落鱼鱼顶位置为6482.00m，仪器串长度11.83m，重345kg。

落鱼结构（自上而下）：马笼头+张力短节+遥传+电成像仪器+电成像推靠+导向胶锥。

3. 处理过程

2月9日接可退式卡瓦打捞筒下钻到底6460.00m。2月10日开泵旋转下放至井深6480.13m未探及鱼头，接立柱继续旋转下放至井深6482.12m遇阻10kN，泵压7MPa升至8.7MPa升至9.8MPa停泵。钻具下放至井深6482.66m下压30kN，悬重1980kN降至1950kN，上提钻具至井深6480.00m悬重1980kN升至2000kN，再次下放钻具至6482.78m下压50kN后，悬重1980kN降至1930kN升至1950kN恢复原悬重。2:33上提钻具至6480.00m开泵排量9L/s，立压0MP升至10MPa，循环立压6.7MPa，2:41下放钻具至井深6486.18m，悬重无变化（1950kN）；2:43开泵排量3.6L/s，立压0MPa升至8MPa，判断捞获落鱼，10日20:00起钻落鱼结构完整，故障解除。

损失时间2.13d。

4. 原因分析

（1）卡点位置处于取心井段，岩性软硬交错，存在裂缝，裂缝性地层含有较软的填充物，进行特殊测井风险较大。

（2）未达到张力棒额定破断拉力发生了断裂，是张力棒质量存在问题。

5. 专家评述

（1）本次故障处理方法比较得当。

（2）要加强测井仪器附件的检测，确保入井仪器质量。

案例三　TK874井

1. 基础资料

（1）井型：塔河油田8区的一口三开制开发直井。

（2）套管：一开套管Φ346.1mm，下深1200.00m。

（3）裸眼：Φ251mm钻头，钻深5510.00m。

（4）钻具组合：马笼头+三臂井径+张力短节+通信短节+自然伽马+连斜+声波+双感应八侧向。

（5）钻井液性能：密度1.30g/cm³、黏度54s、pH值9.0、失水4.4mL、滤饼0.5mm、固含11%、含砂0.2%、初切/终切3/8Pa、动切5.50Pa，塑黏18mPa·s、坂含35g/L；钻井液体系：聚磺防塌钻井液。

（6）地层：巴楚组；岩性：泥质灰岩夹泥岩。

（7）故障井深：5442.00m。

（8）井身结构如图4-3所示。

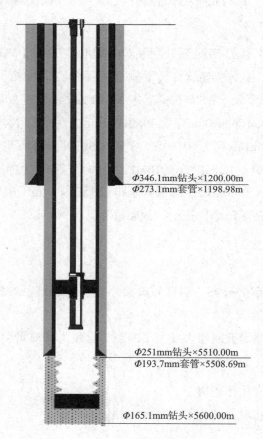

图4-3　XTK874井井身结构示意图

2. 发生经过

2013年6月12日仪器下到井底开始上测，双感应等曲线测进套管。井况和张力显示均正常，接着再下井测声波，下到5445.00m往上测验证双峰灰岩，上提3.00m以后发现井下张力异常增加500pdl（1pdl=0.138255N），随即上下活动电缆，仪器未动；如此反复逐步加大拉力至9800pdl未解卡，确认仪器卡死。

3. 处理过程

（1）打捞筒穿心打捞。6月13日下打捞筒穿心打捞，下钻到4700.00m用绞车试拉检验是否提前解卡，张力增加到8000pdl未解卡，放松电缆到原来张力继续下钻。下钻到5100.00m再次试拉，发现张力恢复到原悬重，继续下钻到仪器顶部进行打捞。

下钻到5396.00m（距鱼顶15.00m）接方钻杆准备循环钻井液，发现不能建立循环，现场分析捞筒上部变扣接头内径小于钻杆水眼是瓶颈，可能被进入钻杆水眼滤饼堵塞，加大泵压正循环尝试，逐步加压到25MPa也未能顶通。

继续下探打捞，按操作规程，提拉、放松电缆重复3次，最大拉力9500pdl，下放电缆时地面张力减小到5000pdl以下，判断仪器已进入捞筒，再下压钻具到10100pdl开始上提钻具的同时，绞车晃动，电缆张力从10100pdl突降到5000pdl以下，300.00m电缆及仪器落井。

落井仪器总长28.35m，包括马笼头+三臂井径+张力短节+通信短节+自然伽马+连斜+声波+双感应八侧向。检查发现变扣接头内通孔上部被滤饼填满堵死，变扣接头内通孔下部有马笼头上部所带鱼雷顶住的痕迹，捞筒内并无滤饼。

（2）外捞矛打捞。6月16日下钻打捞，在5120.00~5140.00m反复遇阻，现场分析认为可能遇砂桥，决定用开泵转动钻具的方式下探。经反复活动钻具，下到5280.00m再次处理钻井液，卸掉方钻杆接立柱下放到5311.00m开始打捞，将钻杆座上吊卡先正转6.5圈（快转），再正转5圈（慢转），然后上提至5273.00m观察悬重无变化，放回原位再接立柱下打捞矛至5339.00m打捞，先正转5圈（快速），再正转5圈（慢速），再上提至5330.00m正转3圈（慢速），再转2.5圈（慢速），再起至5311.00m正转5圈（慢速），打捞结束，进行起钻，起钻上提至5301.00m位置瞬间遇阻3t，然后悬重恢复正常。17日起钻到井口捞出电缆305.00m，电缆从拉力棒拉断全部捞出。

（3）壁钩+捞筒打捞。6月17日组合Φ186mm壁钩+Φ127mm捞筒装Φ84.5mm卡瓦下井打捞。起钻完，完整捞出全部仪器，故障解除。

损失时间6.10d。

4. 原因分析

（1）电缆遇卡原因分析。本井4720.00~4790.00m为大段砂岩，因此判断电缆遇卡原因是压差造成电缆在砂岩处吸附所致。

（2）仪器未被卡瓦打捞筒抓获原因。打捞筒为$3\frac{1}{2}$in，而钻具为5in，因此使用内径为54mm转换接头进行连接，而在下钻过程中，打捞筒紧贴井壁运行，而且在下放过程中一直未开泵循环，造成滤饼在转换接头处堆积，打捞筒起出后发现转换接头处已被滤饼堵死，致使开泵无法顶通。同时，在马笼头上方1.50m电缆处安装有一鱼雷（外径43mm），在下钻摸鱼过程中，鱼雷拉至转换接头处无法通过，同时被堆积滤饼包裹住，起出后转换接头内滤饼上留有明显鱼雷痕迹。

（3）电缆断裂原因。一是断点处可能存在暗伤，二是使用的马蹄型打捞筒引鞋在下钻过程中，对贴靠井壁的电缆有磨损造成电缆强度降低。

5. 专家评述

（1）本次故障处理方法比较得当。

（2）要加强测井仪器附件的检测，确保入井仪器质量。

案例四　TS304X井

1. 基本情况

（1）井型：TS304X井阿克库勒凸起西北斜坡一口三开结构开发直井。

（2）套管：Φ273.1mm，下深1208.00m。

（3）裸眼：Φ250.8mm钻头，钻深6529.00m。

（4）钻具组合：入井仪器串：张力+遥测短节+伽马能谱+中子+密度。

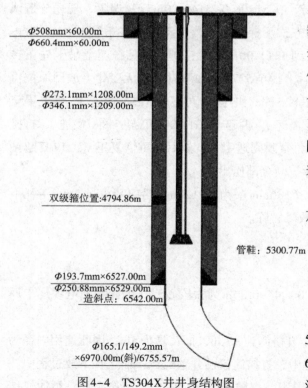

图4-4　TS304X井井身结构图

（5）钻井液性能：密度1.30g/cm³、黏度53s、失水4.0mL、塑黏24mPa·s、动切力7Pa、静切力2/6Pa、pH值10、滤饼0.5mm、含砂0.2%、固相12%、坂含35g/L、Cl⁻含量32620mg/L、K⁺含量14200mg/L、Ca²⁺含量240mg/L、滤饼摩阻系数0.06997；钻井液体系：聚磺钻井液。

（6）地层：鹰山组；岩性：黄灰灰岩。

（7）故障井深：6529.00m。

（8）井身结构如图4-4所示。

2. 发生经过

2021年2月6日13：30上测至井深5367.00m，井口张力从6500pdl上涨至6900pdl，井下张力1080pdl不变，收腿活动电缆，井下张力不变，判断电缆黏附卡钻。

3.处理过程

2021年2月7日00:30开始下打捞筒,（下钻至3000.00m、4500.00m开泵顶通),电缆张力保持7000pdl；下钻至5203.00m,电缆张力下降至5800pdl；继续下钻,2月7日23:30下穿心打捞管柱至5334.00m,开泵循环冲洗打捞筒30min；8日1:00下探鱼顶,至4:00通过多次反复验证,现场判断,落鱼提前进入卡瓦打捞筒（正常张力5600pdl,第一次下压至5361.00m,井口张力7500pdl,起钻至5351.00m,井口张力下降至3900pdl；第二次下压至5363.00m,井口张力7900pdl,起钻至5350.00m,井口张力下降至3920pdl,判断仪器进打捞筒；逐渐增加吨位,提断电缆弱点,回收电缆；8:30弱点出井口；至9日9:00起打捞管柱完,捞获全部落鱼。

损失时间2.81d。

4.故障原因

(1)本井电测前通井及第一趟标准电测均正常,摩阻符合测井要求；本次放射性电测井队对存在的风险认识不足,操作人员麻痹大意；在测井至5367.00m出现遇阻后未及时下放放开电缆,而是连续小范围上下活动,最终导致电缆黏卡,操作及处理措施不当。

(2)电测卡点位于5353.00m处,通过电测曲线解释可以看出为砂泥岩交接处,井径不规则。

(3)本次故障主要原因是电测井队操作不当造成,次要原因是因井眼准备不够充分,因第一次电测顺利而麻痹大意,钻井液性能处理不足,造成电缆黏卡。

5.专家评述

(1)细化通井技术措施,调整好钻井液性能,提高滤饼质量,使井壁光滑,减少电缆上提阻力。

(2)本次故障处理方法比较得当。

第二节　套管故障

套管故障是指在下套管作业过程中或套管串部件满足不了正常工艺要求以及注水泥后套管本体失效等影响油井正常生产的缺陷。下套管作业中最常见的故障是卡套管、循环失效、套管挤毁、套管断裂和套管泄漏等六个方面的问题。这些故障产生的原因、预防与处理方法见表4-1。

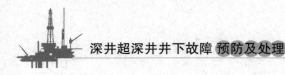
表4-1 套管故障

序号	类型	性质	主要原因	预防措施	主要处理方法
1	卡套管	黏卡	1.井身质量差，井径变化大，缩径； 2.钻井液性能差，滤饼松软、厚	1.下套管前调整钻井液性能，降切降黏，减摩阻，活动套管； 2.下套管对扣扶正，缩短紧扣时间	浸泡解卡剂
		砂卡	1.井壁失稳； 2.洗井不彻底，井内有沉砂	1.充分循环或调整钻井液性能； 2.及时灌浆，分井段循环、活动套管； 3.控制下入速度，平稳开泵由小到大	1.提黏、提切恢复循环； 2.套管下到井底造成砂卡，可立即固井（已恢复循环）； 3.未到井底砂卡，可先固井，后下尾管封下部井段
3	套管断裂	螺纹脱扣	1.螺纹连接不牢，对扣不正，存在错扣； 2.上提压力过大	1.设计防硫套管及附件； 2.热采井考虑温度对套管影响； 3.上提拉力不超过抗滑脱强度的80%； 4.表层或技套最下部套管使用螺纹锁紧剂，并坐封在不易坍塌地层； 5.采取有效措施，防止套管磨损	1.套管螺纹滑脱，可以对扣； 2.表层或技套断落可以重新注水泥固定； 3.若下部套管断裂可在断裂部位侧钻，后下小一级套管重新固井
		本体断裂	1.钻井液含有H_2S产生氢脆； 2.表层或技套底部未固好，受钻柱碰撞； 3.钻柱接头磨穿（井斜较大）； 4.地层水含腐蚀物质		
4	套管泄漏		1.套管本体有裂纹，下井前未进行水压试验； 2.螺纹扭紧程度达不到要求； 3.内压过大将套管胀裂； 4.钻进中将上部套管磨薄或磨穿	1.下套管进行水压试验； 2.使用合格螺纹脂，按规定扭矩上紧； 3.气井水泥返至地面，用气密封螺纹连接； 4.钻进中钻杆应加保护套	找漏点后用超细水泥浆挤堵

案例一　SHB1-1H井卡套管故障

1. 基础资料

（1）井型：SHB1-H井塔里木顺托果勒低隆北缘构造上的一口评价水平井。

（2）套管：导管Φ508mm，下深50.00m。

（3）裸眼：Φ444.5mm，钻深1200.00m。

（4）钻具组合：Φ339.4mm套管串。

（5）钻井液性能：密度1.25g/cm³、黏度60s、塑黏22mPa·s、动切力9.5Pa、pH值9、静切力6/20Pa、API失水6.8mL、滤饼1mm；钻井液体系：钾胺基聚磺钻井液。

（6）地层：巴楚组，岩性：粉砂岩、细粒砂岩与泥岩略等厚互层。

（7）故障井深：264.00m。

（8）井身结构如图4-5所示。

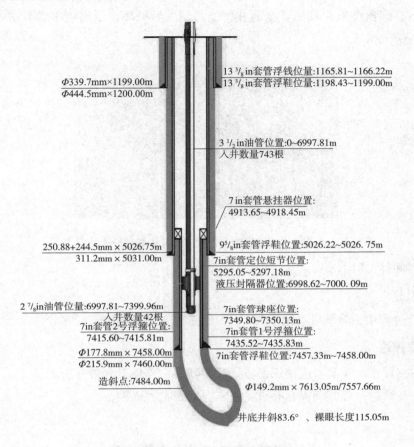

$\Phi339.7mm\times1199.00m$
$\Phi444.5mm\times1200.00m$

13 $^3/_8$ in套管浮钱位置:1165.81~1166.22m
13 $^3/_8$ in套管浮鞋位置:1198.43~1199.00m

3 $^1/_2$ in油管位置:0~6997.81m
入井数量743根

7 in套管悬挂器位置:
4913.65~4918.45m

250.88+244.5mm × 5026.75m
311.2mm × 5031.00m

9 $^5/_8$ in套管浮鞋位置:5026.22~5026.75m
7 in套管定位短节位置:
5295.05~5297.18m
液压封隔器位置:6998.62~7000.09m

2 $^7/_8$ in油管位置:6997.81~7399.96m
入井数量42根
7 in套管2号浮箍位置:
7415.60~7415.81m

7 in套管球座位置:
7349.80~7350.13m
7 in套管1号浮箍位置:
7435.52~7435.83m

$\Phi177.8mm \times 7458.00m$
$\Phi215.9mm \times 7460.00m$

7 in套管浮鞋位置:7457.33m~7458.00m

造斜点:7484.00m

$\Phi149.2mm \times 7613.05m/7557.66m$

井底井斜83.6°、裸眼长度115.05m

图4-5　SHB1-1H井井身结构图

2. 发生经过

2015年2月10日下$\Phi339.7mm$套管至井深264.00m时遇阻，悬重由480kN降至380kN，遇阻后上提套管，上提多拉150kN，活动范围在380~630kN之间，无法提开，继续下放活动，遇阻100kN，上提多150kN无法提开，20:30接循环头开泵顶通，以排量15.5L/s循环，循环至20:47，套管依然无法活动，21:30接顶驱，开泵顶通循环，排量10.85L/s，最大上提至1800kN，最大下压至300kN，套管未能提开。上提下放活动套管无效，套管未能提开。现场判断卡点可能在套管弹性扶正器位置。

3. 处理过程

（1）浸泡解卡剂活动套管。2月11日浸泡解卡剂活动套管，泵入解卡剂18m³，替入井浆13m³，浸泡井段124.00~264.00m，上提下放活动范围300~800kN，未能解卡。

（2）地面震击器+泡卡。2月13日连接地面下击器震击活动套管，震击器震击吨位400kN，累计震击25次。再次泵入解卡剂22m³，替浆16m³，解卡剂浸泡井段：50.00~

264.00m。2月14日，活动套管上提至1000kN时成功解卡，悬重恢复正常。

2月15日起出全部套管后重新通井，通井到底后循环，返出物中含有水泥块和岩屑块如图4-6所示。

图4-6　返出物中含有的水泥块和岩屑块

损失时间计3.61d。

4. 原因分析

下套管过程中，导管鞋处水泥环发生掉块造成套管被卡死。

5. 专家评述

（1）在扫导管水泥塞时应使用低参数反复划眼，确保下套管安全。

（2）一开钻进过程应确保钻井设备正常，缩短钻井周期。

案例二　YZH2井卡套管故障

1. 基础资料

（1）井型：塔里木盆地麦盖提斜坡玉中构造带的一口五开制预探直井。

（2）套管：导管Φ508mm，下深101.47m。

（3）裸眼：Φ444.5mm钻头，钻深2800.00m。

（4）钻具组合：浮鞋＋Φ365.1mm套管×4根＋浮箍＋Φ365.1mm套管×149根。

（5）钻井液性能：密度1.28g/cm³、黏度55s；塑黏18mPa·s、动切力6Pa、静切力2.5/8Pa、pH值8.5、失水5.2mL、滤饼0.5mm、坂含45g/L、固含10%、含砂0.2%、Cl⁻含量4380mg/L、Ca^{2+}含量100mg/L；高温高压失水1mL、泥饼摩阻系数0.0612；钻井液体系：聚合物钻井液。

（6）地层：阿图什组；岩性：灰黄色泥岩、粉砂质泥岩。

（7）故障井深：2800.00m。

（8）井身结构如图4-7所示。

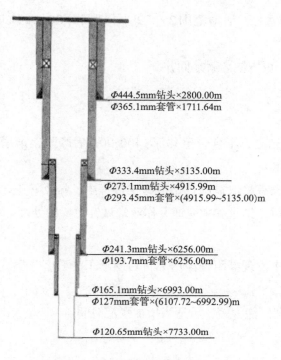

Φ444.5mm钻头×2800.00m
Φ365.1mm套管×1711.64m

Φ333.4mm钻头×5135.00m
Φ273.1mm钻头×4915.99m
Φ293.45mm套管×(4915.99~5135.00)m

Φ241.3mm钻头×6256.00m
Φ193.7mm套管×6256.00m

Φ165.1mm钻头×6993.00m
Φ127mm套管×(6107.72~6992.99)m

Φ120.65mm钻头×7733.00m

图4-7 YZH2井井身结构示意图

2. 发生经过

2018年2月2日下一开Φ365.1mm表层套管，下套管至井深1667.82m（地层：N2a），摩阻34t，悬重149t（未灌满钻井液），最大上提至210t，未能活动开。决定接循环头循环，接循环头期间，为了防止套管静止，采用地面套管接循环头，井口继续下套管。下套管至井深1711.64m遇阻，开泵顶通建立循环。控制悬重在50~220t，活动套管悬重196t、最大上提吨位250t，活动无效，发生卡套管故障。

3. 处理过程

（1）循环、上下活动管串、配制解卡剂。2018年2月2日至2月3日循环、50~220t活动管串、最大上提至250t。

期间配制解卡剂45m³，解卡剂配方32m³柴油+3tSR301+1t快T+6m³水+22t重晶石。

（2）第一次泡解卡剂。2月3日注解卡剂31m³（密度1.21g/cm³，黏度61s），套管预留解卡剂15m³，预计解卡剂浸泡井段1712.00~1392.00m；浸泡9h，未解卡。

（3）第二次泡解卡剂。2月6日注解卡剂。注密度1.15g/cm³解卡剂30m³，注密度1.10g/cm³解卡剂42m³，解卡剂出套管52m³，管内预留20m³，密度1.10g/cm³解卡剂浸泡井段1712.00~1272.00m，密度1.15g/cm³解卡剂浸泡井段1272.00~672.00m，为提高1400.00~1700.00m井段浸泡能力，提高快T含量至4%。

浸泡解卡剂活动管柱（活动范围25~320t，期间每30min顶浆1m³），浸泡解卡剂14h，未解卡。

2018年2月7日，甲方同意就地固井。

损失时间4.66d。

4. 原因分析

（1）井眼准备不充分，下套管至井深1400.00m后摩阻逐渐增大，特别是下至井深1667.82m，摩阻达34t。

（2）下套管遇阻没有采取措施。钻进施工过程中，振动筛返出岩屑较少，黏附在井壁，形成较厚的虚滤饼，钻进和中完通井作业未做针对性的处理。

5. 专家评述

（1）下套管过程中发现摩阻逐渐增大盲目继续下套管，未引起高度重视，未及时采取起出井筒。

（2）泡解卡剂时间浸泡太短，可适当增加浸泡时间。

案例四 CHS1井

1. 基础资料

（1）井型：CHS1井是四川盆地川中隆起北部斜坡带柏垭鼻状构造上的一口五开制预探直井。

（2）套管：导管Φ720mm，下深20.00m。

（3）裸眼：Φ660mm钻头，钻深910.00m。

（4）钻具组合：浮鞋+Φ508mm套管×64.02m+插入式浮箍+Φ508mm套管×847.70m+联顶节（核查套管长度）。

（5）钻井液性能：泡沫钻井液。

（6）地层：遂宁组；岩性：中-粗粒砾岩、灰褐色粉砂岩。

（7）故障井深：910.00m。

（8）井身结构如图4-8所示。

2. 发生经过

2017年1月21日下Φ508mm套管，22日套管下至井底910.00m，采用螺杆泵灌浆至井口见液面，接循环头开泵3~23冲/min，缓慢起压至1.18MPa时套管连同循环头突然从母扣处脱扣。

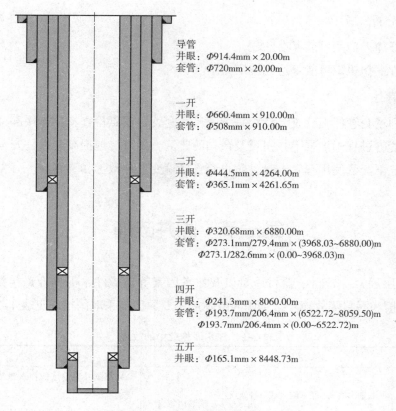

导管
井眼：$\Phi914.4mm \times 20.00m$
套管：$\Phi720mm \times 20.00m$

一开
井眼：$\Phi660.4mm \times 910.00m$
套管：$\Phi508mm \times 910.00m$

二开
井眼：$\Phi444.5mm \times 4264.00m$
套管：$\Phi365.1mm \times 4261.65m$

三开
井眼：$\Phi320.68mm \times 6880.00m$
套管：$\Phi273.1mm/279.4mm \times (3968.03 \sim 6880.00)m$
$\Phi273.1mm/282.6mm \times (0.00 \sim 3968.03)m$

四开
井眼：$\Phi241.3mm \times 8060.00m$
套管：$\Phi193.7mm/206.4mm \times (6522.72 \sim 8059.50)m$
$\Phi193.7mm/206.4mm \times (0.00 \sim 6522.72)m$

五开
井眼：$\Phi165.1mm \times 8448.73m$

图4-8　CHS1井井身结构示意图

1月22日14:30采用场地2根套管，在井口进行对扣，对扣成功后进行套管第一次试提，上行距离1.97m，上提吨位1507kN，然后下放1.78m，下放吨位1453kN。17:46第二次上提，上提2.32m时，大钩负荷由1517kN降至174.86kN，起套管检查发现脱扣，套管落井。

3. 处理过程

（1）第一次脱扣处理过程。

1月22日6:20组下地面套管2根探鱼头位置在转盘面下10.64m，套管串回缩下行1.09m。8:10在鱼头位置割开$\Phi720mm$导管，检查85号套管母扣：母扣完好，母扣长151mm。

1月22日采用套管对扣，对扣成功，上提2.32m时，大钩负荷由1517kN降至174.86kN，起套管检查，发现井内84号与83号脱扣，清洗检查84号套管公扣，公扣有轻微磨痕，没有错扣现象。

（2）第二次脱扣处理过程。1月22日再次下入套管对扣，悬重无异常，对扣成功。

损失时间0.68d。

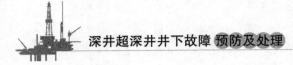

4. 原因分析

（1）套管加工精度可能存在问题。

（2）套管上扣扭矩可能未达到规定扭矩。

5. 专家评述

（1）对到场套管仔细检查，特别是下大尺寸套管，重点检查丝扣连接部位。

（2）下套管过程中加强上扣扭矩及余扣的监测，尽可能地提高套管柱安全系数。

（3）建议下套管使用套管卡盘，防止套管接箍变形导致上扣不到位。

第三节　固井故障

由于地层因素、管材、器材质量以及技术因素等造成注水泥作业产生漏失、憋泵、不碰压、窜槽和漏封等故障。常见固井故障的主要原因与采取的措施见表4-2。

表4-2　注水泥作业中的故障

序号	类型	主要原因	危害	采取措施
1	憋泵	1.管内堵塞（胶塞吸入或双胶塞反装）； 2.水泥浆闪凝（水泥浆配制不恰当）； 3.隔离液与水泥浆接触胶凝； 4.环空桥堵	套管内留过多水泥塞，而地层漏封； 尾管固井引起小钻杆固结	1.根据井底温度选择水泥品种及外加剂加量； 2.水泥浆入井前进行模拟化验，确定稠化时间和强度； 3.使用合格的隔离液，防止稠化，水泥浆中加入减阻剂； 4.严格执行施工技术措施，适宜的替速和适量的冲洗液
2	不碰压	1.阻流环挤坏，或阻流环处套管螺纹未上紧； 2.未放胶塞，或胶塞不密封； 3.计量不准； 4.套管有破损	套外替空造成漏封或管内留过多水泥塞	1.入井套管按规定进行水压试验，合格后入井； 2.套管螺纹紧扣按规定扭矩上紧； 3.下套管中及时灌浆，防止挤毁回压阀； 4.使用合格胶塞，套管下完后不能长时间循环，防止刺坏密封球； 5.使用准确流量计，慢速碰压

案例一　D7井固井故障

1. 基本情况

（1）井型：D7井是位于准格尔盆地的一口重点探井探直井。

（2）套管：二开套管 Φ244.5mm，下深3917.37m。

（3）裸眼：Φ215.9mm钻头，钻深5405.00m。

（4）钻具组合：Φ139.7mm套管串。

（5）钻井液性能：强抑制封堵聚合物防塌钻井液体系。

（6）地层：白垩系呼图壁组；岩性：泥岩、砂质泥岩与灰色泥质粉砂岩、粉砂岩不等厚互层。

（7）故障井深3256.00mm。

（8）井身结构如图4-9所示。

2. 发生经过

2013年6月30日下套管结束，7月1日15:20开始固井。替浆时泵压20MPa井口不返浆，倒泵车顶至34MPa，也未能顶通。起钻至第8柱零1根（3459.00m），胶塞从立柱滑掉出至钻台面，钻杆水眼见水泥。起钻至第15柱零1根（3256.00m），发现钻杆内水泥凝固。

3. 处理过程

（1）下Φ215.9mm钻头探悬挂器位置。起完中心管下入Φ215.9mmHJ517G牙轮钻头探悬挂器喇叭口位置3704.00m。

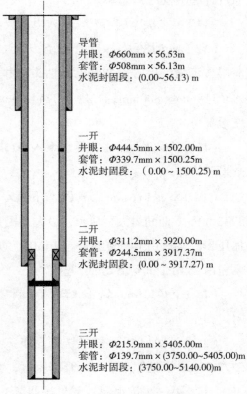

导管
井眼：Φ660mm×56.53m
套管：Φ508mm×56.13m
水泥封固段：(0.00~56.13) m

一开
井眼：Φ444.5mm×1502.00m
套管：Φ339.7mm×1500.25m
水泥封固段：(0.00~1500.25) m

二开
井眼：Φ311.2mm×3920.00m
套管：Φ244.5mm×3917.37m
水泥封固段：(0.00~3917.27) m

三开
井眼：Φ215.9mm×5405.00m
套管：Φ139.7mm×(3750.00~5405.00)m
水泥封固段：(3750.00~5140.00)m

图4-9 D7井井身结构示意图

（2）溢流、压井。起钻至2646.00m发现溢流并关井，压井处理。

（3）第一只Φ114.3mm钻头钻塞。下入Φ114.3mmMO864钻头钻塞至4532.00m。

（4）第一次循环处理钻井液。下入Φ215.9mmHJ517G钻头循环处理钻井液。

（5）第二只Φ114.3mm钻头钻塞。下入Φ114.3mm钻头钻塞至5377.00m。

（6）第二次循环处理钻井液。钻塞至5377.00m后循环处理钻井液。起钻结束下入Φ215.9mm钻头至3704.00m，冲洗喇叭口处残留的水泥后起钻。

（7）处理悬挂器处遇阻点。下入Φ152mm铣锥至3706.60m遇阻（悬挂器3704.00~3707.60m），钻铣至3707.60m钻压不回，停止钻铣起钻。下入Φ149.2mm钻头至3707.60m遇阻，清洗悬挂器，起钻发现断裂悬挂器底部卡在钻头上被带出。

（8）对Φ139.7mm套管刮管。下入Φ139.7mm套管刮管器分段循环至5377.00m进行刮管，刮管井段5377.00~3710.00m，替换钻井液起钻。

（9）用Φ152mm铣锥铣喇叭口。下入Φ152mm铣锥磨铣套管顶部端口后起钻。

（10）第一次电测遇阻情况。下入电测仪器至4630.00m遇阻，经上提下放多次后未能通过，起出仪器，下入Φ114.3mm钻头通井至5377.00m，无遇阻显示。

（11）第二次电测情况。下入电测仪器电测，无遇阻。

（12）对Φ139.7mm套管通径。下入Φ114mm×800mm通径规通径至3744.00m遇阻，向甲方汇报，甲方通知起钻换钻头通井。下入Φ114.3mmPDC钻头通井无显示。再次下入Φ114mm×800mm通径规至3744.00m遇阻，判断可能为套管变形，决定下梨形锤修复变形部位。

（13）下Φ114mm胀管器。下入Φ114mm胀管器至5377.00m无显示，起钻换Φ116mm梨形胀管器。

（14）下Φ116mm胀管器。下入Φ116mm胀管器至3718.00m遇阻，修复套管至3732.00m（期间最大下压8t，最大上提10t），反复冲击下砸无明显下行，接方钻杆冲划。加压2t，泵压由14.5MPa升至15MPa，开转盘下划至3732.40m，钻压2t，转速40r/min，泵压由15MPa升至16MPa，起钻。

（15）下Φ116mm铣锥。现场判断套管内水泥环，下入Φ116mm铣锥至3718.00m遇阻，扫塞到底。

（16）下Φ115mm复式铣锥。下入Φ115mm通径并检验套管是否变形，下铣锥至5377.00m，无遇阻显示，循环降密度，为射孔做准备。

（17）第一次挤水泥。下封隔器至3922.00m。下射孔枪至5203.00m射孔。第二次下封隔器至3928.00m，坐封未成功，第三次下入封隔器至3928.00m坐封成功，试挤成功后起出封隔器。下桥塞至5150.00m，桥塞丢手，坐封成功。起钻下入内管插头插入桥塞并下压10t。三次试挤，压力不降，无法挤注水泥。

（18）下磨鞋磨桥塞。下入磨鞋至5150.00m磨钻桥塞，追送残余桥塞下钻至5263.00m遇阻，磨残余桥塞至5291.00m无显示，下钻至5377.00m循环起钻。

（19）第二次挤水泥。下入光钻杆至4700.00m，泄压，反吐0.7m^3，关井候凝。套立压为零，开井无反吐，活动钻具正常，起钻至技套内候凝。

（20）下钻探塞。下钻探塞至4790.00m遇阻，冲划至4799.00m后无遇阻显示后下钻，探得塞面5181.00m。循环洗井后打压20MPa套管试压，稳压30min无压降，起钻。

（21）下钻扫塞、测声幅。下入Φ114.3mmM0864PDC钻头扫塞到底，套管试压合格后起钻测声幅。

损失时间86.44d。

130

4. 原因分析

固井过程中水泥浆发生了闪凝。

5. 专家评述

水泥浆与钻井液性能配伍性差造成水泥闪凝，导致了该井故障，应引起高度重视。

第五章　故障处理主要工具及使用方法

第一节　震击工具

　　震击解卡工具工作原理就是突然给钻柱一个撞击力，使被卡钻柱松动而解卡。根据工作原理可分为液压式、机械式和液压机械式震击器；按震击方向又可分为上击器、下击器和双向震击器；按工作状况分为解卡震击器与随钻震击器；按加放位置分为地面震击器和井下震击器。本节主要介绍几种现场常用的震击工具。

上接头 —

震击垫 —

缸套 —

下接头 —

震击杆 —

一、开式下击器

　　开式下击器是钻井打捞作业中普遍使用的一种震击解卡工具，它借助钻柱的质量和弹性伸缩，产生强大的下击力下击被卡钻具，促使被卡钻柱松动解卡。

1. 结构

　　开式下击器的结构如图5-1所示，其原理是以活塞心轴为固定件与下部钻柱连接，心轴中段为六方柱体与缸套下接头的内六方孔相配合，用以传递扭矩，活塞装在心轴顶端，以螺纹连挂，并用定位螺丝固定，外周有两道密封槽，安装O形密封圈、垫圈和开口垫圈，用以和缸套内壁密封。活动件是缸套及其上下接头，缸套下部有四个孔，允许钻井液进出，所以叫开式下击器，上接头与上部钻柱连接，由上部钻柱带动缸套做上下运动，同时下接头的上下肩面也限制了活塞的行程。

　　震击偶是以缸套下接头的下端面作为撞击体，以心轴接头的上

图5-1　开式下击器

台肩作为承击体，组成一对互相撞击的震击偶。活塞只起密封和扶正心轴的作用，与震击作用无关。

2. 工作原理

拉开下击器的工作行程，然后突然释放，利用上接头以上钻柱质量给卡点以强有力的震击。

3. 操作方法

1）下井前准备

下击器下井前，应进行仔细检查，表面无裂纹，拉开、闭合无卡滞现象，并按规定的扭矩和钻柱连接；若发现问题严禁入井。

2）井内下击

（1）钻具组合（推荐）：打捞工具＋安全接头＋下击器＋钻铤＋钻杆。

若因打捞作业时，需要下弯钻杆或弯接头，最好接在下击器上面，以免影响震击效果。

（2）上提钻柱将下击器行程完全拉开。

（3）迅速下放钻柱，使下击器关闭，利用下击器以上钻柱质量产生强烈的下击力。

（4）震击作业时，切勿边旋转边震击，以免复合应力超载，容易使工具损坏或造成故障。

3）井内解脱打捞工具

当打捞工具（如打捞筒）捞住落鱼后，解除不了故障，而需与落鱼脱开时，可利用同钻柱一起下入井内的下击器进行轻微的震击，使其脱开落鱼。

（1）上提钻柱，拉开方入约是下击器全行程的1/4~1/3。

（2）快速下放，下放方入等于上提方入时刹车，这样就能产生轻微的下击，解脱打捞工具。

4）井口解脱打捞工具

（1）在下击器上部接2~3根加重钻杆或钻铤。

（2）拉开下击器一定行程，以适当的速度和质量下放，产生一定的下击作用。

（3）实施前悬吊工具一定要销紧，操作时要谨慎，防止悬吊工具跳开脱落。

4. 维护保养

（1）钻台上的保养。清除泥污，检查两端螺纹有无损伤。

（2）长期存放的维护。拉开心轴冲洗干净，擦干心轴表面，涂上防锈钾基或锂基黄油，关闭心轴，戴上护丝，用2根相同高度的垫木或钢管垫平，于防雨避晒、通风干燥处存放。

5. 技术参数

开式下击器技术参数，见表5-1。

表5-1　开式下击器技术参数

型号	外径/ mm	内径/ mm	接头螺纹 API	最大抗拉负荷/ kN	最大工作扭矩/ kN·m	最大行程/ mm	闭合总长/ mm
KXJ95	95	38	NC26	500	4	508	1800
KXJ40	102	32	$2^3/_8$in REG	600	5	700	1900
KXJ44	114	38	NC31	800	7	440	1500
KXJ46	121	38	NC38	900	8	914	1986
KXJ62	159	51	NC50	1500	13	1400	2627
KXJ165	165	51	NC50	1600	14	1400	2633
KXJ70	178	70	NC50	1800	15	1552	2737
KXJ80	203	70	$6^5/_8$in REG	2200	18	1600	2901
KXJ90	229	76	$7^5/_8$in REG	2500	20	1600	2881

二、地面震击器

地面震击器通常直接在井口与被卡钻具接上，在转盘面以上使用，以解除井下卡钻故障的向下震击工具。震击力吨位具有可调性，使用方便等特点。对处理键槽卡钻和缩径卡钻效果显著。

1. 结构

地面震击器由中心管总成、套筒总成和冲管总成等部件组成，结构如图5-2所示。中心管总成包括上接头、中心管、卡瓦心轴和密封总成；套筒总成包括下套筒、摩擦卡瓦、调节机构、滑套、上套筒和震击器接头；冲管总成包括冲管和下接头。

2. 工作原理

地面震击器与井下钻柱连接，上提钻柱，卡瓦和心轴产生摩擦阻力阻止向上运动。此时钻柱伸长，当卡瓦心轴脱离卡瓦时，伸长的钻柱突然收缩，伴随着落鱼上部的自由段钻柱的质量传给卡点，使卡点受到猛烈地向下冲击力。每震击1次以后，使心轴回位，又可以进行第2次冲击；如此可反复作业。

3. 操作方法

1）解卡震击

（1）将工具连接在钻柱上，使调节机构露出转盘面以上便于震

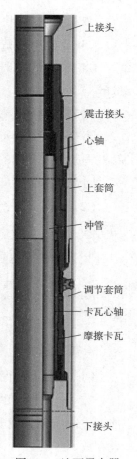

图5-2　地面震击器

击吨位的调节。

（2）用内六方扳手卸开锁钉，调节震击吨位（出厂一般设定200kN，标示有低吨位和高吨位，用六方扳手卸掉锁钉，用起子拨动调节环，向左手边拨为降低吨位，向右手边拨为增加吨位，每拨动一格吨位约增减15~20kN），再旋入锁钉。

（3）校准释放吨位后，在指重表上和工具上以转盘面为基准作记号，便于检查。

（4）若要循环钻井液时可接方钻杆，震击作业时应卸去方钻杆，接上1~2根加重钻杆或钻铤，使工具容易复位。

（5）使用最低速度提拉，当约束机构释放时，筒体总成下行，同时钻杆产生弹性收缩向下冲击卡点。

（6）每调节1次吨位，应在此吨位多次震击，震击次数则以4~6次为宜，视其冲击落鱼的效果后再调整吨位。

2）解脱打捞工具

打捞工具或卡瓦类型的工具，如公母锥、捞筒和捞矛等，由于抓捞牙或卡瓦牙嵌入落鱼，震击器震击后钻柱伸长变形，或异物进入堵塞，使打捞工具的释放结构失灵，用钻柱的质量已无法解脱，即使是施加扭矩也完全无效。遇到这些情况，可接上地面震击，调节到中等程度的释放吨位，若钻柱上带有下击器时，调节的释放吨位应保证能打开下击器。但调节的吨位仍不要高于自由段钻柱质量。一般只需2~3次震击即可解脱。

4. 注意事项

（1）接震击器时，安全卡瓦和卡瓦不得卡在光亮拉杆上。

（2）震击作业前和过程间歇中，应对指重表、钻井游车钢丝绳、传感器、死活绳头的固定、刹车系统、井架等关键部位进行检查。

（3）应将大钩舌头、吊环及井口工具捆牢。

（4）震击作业时钻机只允许用低速上提，气路元件应灵敏可靠，气压应比额定工作压力低0.1MPa。

（5）若在震击作业中发现摩擦副有发高热冒烟情况，可由锁钉孔注入清洁机油，待工作完毕后卸开检查处理。

（6）不允许所调节释放吨位大于自由段钻柱质量。

（7）地面震击器的使用范围：适合于4000.00m以内的直井，2000.00m以内的定向井。

5. 技术参数

地面震击器技术参数，见表5–2。

表5-2 地面震击器技术参数

型号	外径/ mm	内径/ mm	接头螺纹 API	最大抗拉负荷/ kN	最大震击力/ kN	最大行程/ mm	密封压力/ MPa	闭合总长/ mm
DJ46	121	32	NC31	900	400	1800	20	3395
DJ70 Ⅱ	178	50	NC50	1800	750	1222	20	3030

三、超级震击器

图5-3 超级震击器

超级震击器应用液压和机械原理，它结构紧凑，性能稳定便于调节，使用方便，是向上震击的工具。

1. 结构

超级震击器的固定件由心轴体、花键体、连接体、压力体和冲管体等组成，与下部钻柱连接，处于相对固定状态。活动件由上接头、心轴、锥体和冲管等组成，在筒体内做有限的上下运动。在压力体和心轴之间注满抗磨液压油，形成压力腔和卸载腔，结构如图5-3所示。

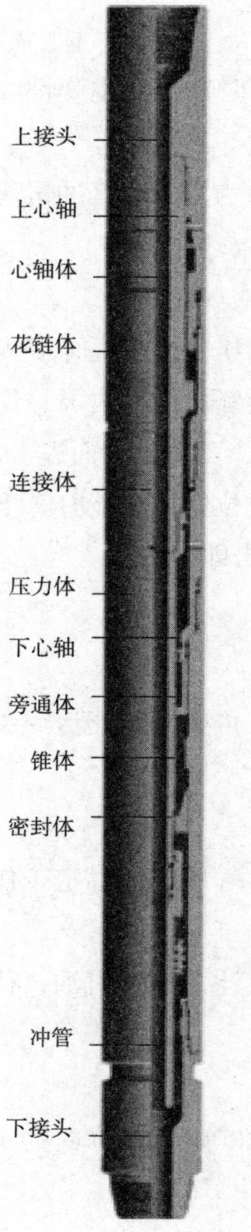

2. 工作原理

超级震击器是应用液压工作原理，通过锥体活塞在液缸内的运动和钻具被提拉储能来实现上击动作。安装在超级震击器上方的钻具被提拉时，超级震击器的压力体内由于锥体活塞与密封体之间的阻尼作用，为钻具储能提供了时间。当锥体活塞运动到释放腔时，随着高压液压油瞬时卸荷，钻具将突然收缩，产生了向上的动载荷。工具设计了可靠的撞击工作面，以保证为被卡的落鱼钻具提供巨大的打击力。为了震击能往复进行，设计了理想的回位机构。为了在井下能旋转和循环钻井液，超级震击器利用花键传递扭矩，同时尽可能使水眼加大，以满足除循环钻井液外的测试及其他功用。

3. 操作方法

（1）钻具组合：打捞工具＋安全接头＋超级震击器＋钻铤2~3根＋加速器＋钻铤1根＋钻杆。

（2）当确认井下卡钻故障的性质需要向上震击时，才能使用超级震击器。这时应从卡点倒开并提起钻具，然后按上述的钻具组合，连接好打捞钻具，进行打捞作业。当打捞工具抓紧井下落鱼后，就可以进行震击作业。

（3）下放钻柱使压在超级震击器心轴上的力约30~40kN使超级震击器关闭。

左侧图标注（自上而下）：上接头、上心轴、心轴体、花键体、连接体、压力体、下心轴、旁通体、锥体、密封体、冲管、下接头

（4）以一定的速度上提钻具，使钻具产生足够的弹性伸长，然后刹住刹把，等待震击。由于井下情况各异，产生震击的时间也从几秒到几分钟不等。

（5）产生震击后，若需进行第2次震击，应下放钻具关闭震击器，再上提进行第2次震击，并可以进行反复多次震击。

4. 注意事项

（1）井下震击应从较低吨位开始，逐渐加大，直到解卡。但不允许大于表5-3规定的最大震击提拉载荷。

（2）若第2次震击不成，应继续下放钻柱，使超级震击器完全关闭，再进行上提，等待震击。

（3）提高震击力的方法。震击力不仅仅与上提拉力有关，而且与上提钻具的速度、井下钻具的质量、井身质量等因素有关，因此上提速度越快，上提拉力越大，井下钻具质量足够，井身质量越好，所产生的震击力也就越大。

（4）超级震击器提出井眼时通常是处于打开位置，完成钻台维修之后，应当关闭震击器。一但关闭就应当从吊卡上取下，不能再在它下方悬挂重物，避免超级震击器拉开损坏钻台设备，甚至砸伤工作人员事故。

5. 技术参数

CSJ型超级震击器技术参数，见表5-3。

表5-3 CSJ型超级震击器技术参数

型号	外径/ mm	内径/ mm	接头螺纹 API	最大行 程/mm	密封压力/ MPa	最大工作扭 矩/（kN·m）	最大震击提 拉载荷/kN	最大抗拉载 荷/kN	闭合总长 /mm
CSJ108	108	32	NC31	305	20	6	250	700	3882
CSJ114	114	38	NC31	305	20	9.8	300	800	3882
CSJ46 Ⅱ	121	50	NC38	305	20	9.8	350	900	3882
CSJ140	140	50	NC38	305	20	11.9	400	1000	3900
CSJ62 Ⅱ	159	57	NC50	320	20	12.7	700	1500	3977
CSJ168	168	57	NC50	320	20	14.7	700	1600	3977
CSJ70 Ⅱ	178	60	NC50	320	20	14.7	800	1800	4045
CSJ76 Ⅱ	197	78	$6^5/_8$ in REG	330	20	19.6	1000	2100	4328
CSJ80 Ⅱ	203	78	$6^5/_8$ in REG	330	20	19.6	1200	2200	4328

四、液压加速器

液压加速器是为液压上击器、超级震击器增加震击功能而设计的井下工具。必须和CSJ型超级震击器或YSJ上击器联合使用。工作时能对接在其下方的钻铤和YSJ上击器

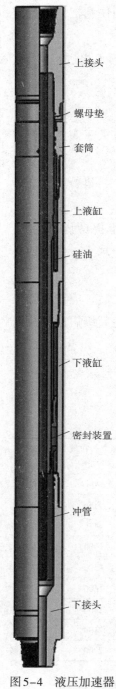

上接头

螺母垫

套筒

上液缸

硅油

下液缸

密封装置

冲管

下接头

图5-4 液压加速器

（或超级震击器）起加速作用，以获得对卡点更强大的震击力，同时可以减少震击之后钻柱回弹时的震动。

1. 结构

如图5-4所示，心轴与缸套之间充满了具有高压缩指数的二甲基硅油。心轴有花键与上缸套下端的花键相嵌合，这样不论是在打开，还是撞击位置都可以传递扭矩。密封总成包括盘根和盘根压圈。它安装于震击垫与导向杆之间，形成一个滑动密封副，工作时能使缸内产生高压。

2. 工作原理

当钻具上提时，钻具弹性伸长，加速器心轴带动密封总成向上移动压缩硅油，硅油被誉为液体弹簧的液体也随之贮存了能量。继续上提钻具，上击器活塞运动到卸油时，下端突然释放，钻具回复弹性变形，使加速器下部的钻铤和上击器心轴一起向上运动。此时加速器内腔的硅油储存的能量也被释放，给运动的钻铤和上击器心轴以更大的加速度。使震击的"大锤"获得更大的速度，从而增加了碰撞前的动量和动能，把一个巨大的震击力，通过上击器下部传递到落鱼上。

加速器是与上击器配套使用的井下震击工具，其结构设计本身无震击功能。

3. 操作方法

1）下井前的准备

（1）加速器下井前应按跟踪卡检查核对，准确无误后，方可下井。

（2）检查油堵及调节销钉是否上紧。

2）使用方法

（1）钻具组合：打捞工具+安全接头+YSJ上击器（或超级震击器）+钻铤3~5根+加速器+钻柱。

（2）当打捞工具抓紧井下落鱼之后，就可以进行震击作业。

（3）加速器配合上击器、超级震击器的具体操作参照液压上击器、超级震击器的操作方法。

3）注意事项

井下震击应从较低吨位开始，逐渐加大，直到解卡。但不能大于表5-4所规定的井下最大抗拉载荷。

4. 维护保养

（1）钻台上的保养。应清除泥污，检查油堵是否脱落漏油，两端螺纹有无损伤。

（2）长期存放的维护。冲净心轴及冲管内面，排气孔内的钻井液用软管喷嘴放进去冲洗干净。擦干心轴表面，涂上防锈钾基或锂基黄油，戴上护丝，用2根相同高度的垫木或钢管垫平，于防雨避晒、通风干燥处存放。

5. 技术参数

液压加速器技术参数，见表5-4。

表5-4　YJG型液压加速器技术参数

型号	外径/mm	内径/mm	接头螺纹API	总长/mm	最大抗拉载荷/kN	最大工作扭矩/kN·m	拉开全行程力/kN	最大行程/mm
GJ73	73	20	$2\frac{3}{8}$in TBG	2620	250	3	80~100	218
GJ80	80	25.4	$2\frac{3}{8}$in REG	2845	300	3	90~120	218
GJ89	89	28	NC26	2760	400	3.5	110~150	218
YJQ36	95	32	NC26	2845	500	4	150~200	330
YJQ40	102	32	NC31	3878	600	5	200~250	330
YJQ108	108	32	NC31	3878	700	6	200~250	330
YJQ44	114	38	NC31	3422	800	7	250~300	216
YJQ46Ⅱ	121	38	NC38	3254	900	8	300~350	234
YJQ62	159	57	NC50	4375	1500	13	600~700	338
YJQ168	168	57	NC50	4375	1600	14	600~700	338
YJQ70Ⅱ	178	60	NC50	4019	1800	15	700~800	320
YJQ76	197	78	$6\frac{5}{8}$in REG	4238	2100	17	900~1000	341
YJQ80	203	78	$6\frac{5}{8}$in REG	4238	2200	18	900~1000	341
YJQ90	229	76	$7\frac{5}{8}$in REG	4180	2500	20	1100~1200	341

五、机械式随钻震击器

随钻震击器是连接在钻具中，随钻具进行钻井作业的井下工具。钻井过程中若发生遇阻、遇卡或卡钻时，可以随时启动震击器进行上击或下击，及时解除井下复杂故障。随钻上击器和随钻下击器一般是配套使用的，也可因井下作业需要，单独下井使用。

1. 结构

结构如图5-5所示。随钻上击器，由外筒部分、心轴部分、活塞部分和各部位的密封件组成。

外筒部分：刮子体、心轴体（左旋螺纹）、花键体、压力体、冲管体。

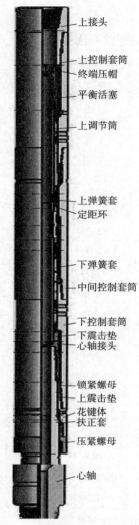

- 上接头
- 上控制套筒
- 终端压帽
- 平衡活塞
- 上调节筒
- 上弹簧套
- 定距环
- 下弹簧套
- 中间控制套筒
- 下控制套筒
- 下震击垫
- 心轴接头
- 锁紧螺母
- 上震击垫
- 花键体
- 扶正套
- 压紧螺母
- 心轴

图5-5 机械式随钻震击器

心轴部分：心轴、延长心轴、冲管。

活塞部分（锥体组件）：锥体、旁通体、密封体、密封体油封。

2. 工作原理

1）上击工作原理

使震击器处于锁紧位置，上提钻柱，受下面一组弹性套作用，迫使钻柱储能、延时。当卡瓦下行，达到预定吨位后，解除锁紧状态，卡瓦中轴滑出，产生上击。重复上述过程，可使工具再次上击。

2）下击工作原理

使震击器处于锁紧位置，下压钻柱，受上面一组弹性套作用，迫使钻柱储能、延时。当卡瓦上行，达到预定吨位后，解除锁紧状态，卡瓦中轴滑出，产生下击。重复上述过程，可使工具再次下击。

3. 操作方法

1）下井前的准备

（1）下井前震击器处于锁紧状态。

（2）钻具配置应使震击器处于钻柱中和点偏上的受拉位置。为增加钻具的挠性，减小工具的弯曲应力，震击器下部必须连接屈性长轴。

（3）推荐钻具组合。钻铤（外径不得小于震击器外径）+屈性长轴+JZ型震击器+加重钻杆（外径不得大于震击器外径）。

（4）当震击器接入立柱后，取下卡箍，保存好待起钻时用。

2）操作方法

（1）下钻时应先开泵循环，再缓慢下放，切忌直通井底造成"人为下击"。若在下钻过程中发生遇卡，可启动震击器实施上击解卡。

（2）在正常钻进过程中，震击器应处于打开位置，在受拉状态下工作，但当下部钻柱质量不大于震击器上击锁紧力的一半时可在锁紧状态下工作。

（3）发生卡钻故障需上击时，按以下步骤进行：

①下放钻具直到指重表读数小于震击器以上钻具悬重30~50kN（即压到震击器心轴上的力），震击器复位。

进行本步骤操作时，可在井口钻杆上划一刻线，下放一个上击行程可确认震击器回到"锁紧"位置。

②上提钻具产生震击。

上提力：

$$G=G_1-G_2+G_3+G_4+G_5+G_6-G_7 \qquad （5-1）$$

式中　G——上提负荷；

　　　G_1——原悬重（井内钻具质量）；

　　　G_2——上击器以下钻柱质量；

　　　G_3——震击器所需的震击力；

　　　G_4——钻井液阻力，约为上拉力的5％；

　　　G_5——摩擦阻力，定向斜井影响大，约为上提力的10％~20％；

　　　G_6——指重表误差（指重表本身精度决定）；

　　　G_7——开泵效应，G_7=泵压×面积。

（4）发生卡钻故障需下击时，按以下步骤进行：

①上提钻具直到指重表读数超过震击器以上钻具悬重30~50kN，震击器复位。

②下压钻具产生震击。

　　下压力=地面调定的下击吨位+钻井液阻力+摩擦阻力+指重表误差。

4. 维护保养

在井场钻台上起出井口后洗去震击器外表面钻井液，冲洗心轴、冲管、上击器排气孔中的钻井液。水眼和排气孔内的钻井液用软管喷嘴放进去沿一个方向冲洗，直到出现净水为止。心轴表面清洗、擦干后抹上钙基润滑脂，戴上卡箍，两端接头配戴护丝。

5. 技术参数

机械式随钻震击器技术参数，见表5-5。

表5-5　机械式随钻震击器技术参数

型号	外径/mm	内径/mm	接头螺纹API	最大抗拉负荷/kN	最大工作扭矩/kN·m	开泵面积/cm²	上击行程/mm	下击行程/mm	总长（锁紧位置）/mm
JZ95	95	28	2⁷⁄₈in REG	500	5	32	200	200	5800
JZ108	108	36	NC31	700	10	38	203	203	6404
JZ121	121	51.4	NC38	1000	12	60	198	205	6343
JZ159Ⅲ	159	57	NC46	1500	14	100	149	166	6517
JZ165	165	57	NC50	1600	14	100	149	166	6517
JZ178	178	57	NC50	1800	15	100	147.5	167.5	6570
JZ203	203	71.4	6⁵⁄₈in REG	2200	18	176	144.5	176.5	7234
JZ229	229	76	7⁵⁄₈in REG	2500	22	181	203	203	7753

六、液压式随钻震击器

液压式随钻震击器是连接在钻具中随钻具进行钻井作业的井下工具。当井内发生卡钻故障时，可立即启动震击器进行上击或下击。另外它还可以用于中途测试和打捞作业，代替打捞震击器。

心轴

花键筒

平衡筒

缸筒

活塞心轴

冲管

下接头

图5-6 液压式随钻震击器

1. 结构

液压式随钻震击器结构如图5-6所示。主要由内轴和外筒两大部分组成。其中内轴部分包括：心轴、活塞心轴和冲管等零件；外筒部分包括：花键筒、平衡筒、缸筒、下接头等零件。

2. 工作原理

1）上击工作原理

上击动作通过活塞、旁通体、密封体、下筒获得。上击时，先下放钻柱，使上轴向下移动，活塞在下筒小腔受阻、活塞离开密封体，打开旁通油道。当心轴台肩碰到传动套端面时震击器关闭。上提钻柱使震击器受到一定的拉力，这时震击器的活塞由下筒下部大腔逐渐进入小腔，密封体与活塞下端面的通道封闭，只有活塞底部的两条泄油槽可以通过少量液压油，形成节流阻力，其余液压油被阻于活塞上部，油压增高、阻力增大，使震击器上面的钻柱在拉力作用下发生弹性伸长而储存能量；当活塞运动到下筒上部大腔时，因间隙增大，压力腔的液压油在短时间内释放能量，活塞突然失去阻力，使钻柱骤然卸载而产生弹性收缩，震击器下轴以极高的速度撞击到传动套下端，给外筒下部的被卡钻具以强烈的向上震击力。

2）下击工作原理

下击时，先下放钻柱，使震击器关闭，然后上提钻柱使震击器内的活塞刚进入下筒小腔，这时猛放钻柱，使震击器以上的钻柱迅速下落，直至震击器的上轴接头下端面打击到传动套上端面，给连接在外筒下部的被卡钻具以强烈的向下震击力。

3. 操作方法

1）安装位置

（1）震击器一般接装在钻具的中和点偏上位置，使震击器在受拉状态下工作。

（2）震击器应安装在井下易卡钻具的上端，并尽量靠近可能发生的卡点，以便震击时卡点受到较大的震击力。

（3）装在钻铤与钻杆之间，震击器上方应加2~3根加重钻柱，以便震击器回位。

（4）震击器上部的钻具和其他任何工具的外径要小于或等于震击器外径，不允许大于震击器外径，而震击器下部的钻具和其他任何工具只允许稍大或等于震击器外径。

（5）震击器下部钻铤的质量应大于设计钻压，使震击器处于受拉状态下工作。

2）起下钻

（1）将已准备好的震击器用提升短节吊上钻台，严防撞击。

（2）涂好螺纹脂，按规定扭矩将震击器拧紧在钻柱上，提起钻柱、取下上轴卡箍。

（3）震击器在井内起、下钻过程中，始终处于拉开状态。

（4）若起、下钻过程中遇卡，可启动震击器解卡。

（5）起、下钻过程中，决不允许将任何夹持吊装工具卡在上轴拉开部位（即上轴镀铬面的外露部分），以防损坏上轴。

（6）起钻时，上轴呈拉开状态，必须在上轴镀铬面处装好卡箍，方可编入立柱放在钻杆盒上。

3）上击解卡

（1）在操作前必须正确地计算震击器作业时指重表的读数。

震击器释放时指重表读数（上提吨位）=震击器上部的钻具质量+所需的震击吨位+钻具与井壁的摩擦阻力（估算）。

注：所需的震击吨位决不允许超过最大震击吨位。

（2）下放钻柱对震击器施加约98kN的压力，关闭震击器。

（3）上提钻柱使震击器释放震击，震击强度由提升吨位控制，开始时用中等程度震击力，以后逐渐增加，上击时，指重表显示的吨位应下降。

（4）如果上提震击器不震击，可能是震击器没有完全回到位，可重新下放钻柱，此次应比上一次下放的吨位大一些。若再不震击，应分析原因或将震击器送管子站维修。

（5）按上述步骤，可反复进行上击。

4）下击解卡

下击力大小与震击器上方钻柱质量有关，质量越大，下击力也就越大。

（1）下放钻柱对震击器施加约98kN的压力，关闭震击器。

（2）上提钻柱，使震击器被拉开一定行程，在方钻杆上作一刻度来测量拉开行程，YSZ159行程为370~400mm、YSZ121、YSZ178、YSZ203行程为320~350mm。如上提过程中提拉吨位增高时，应停止上拉。上提吨位=震击器上部质量+震击器所需的拉开力98kN+钻具与井壁的摩擦阻力（估算）。

（3）立即猛放钻柱，直到震击器关闭发生撞击。

（4）按上述步骤可反复下击。

4. 技术参数

液压式随钻震击器技术参数，见表5-6。

表5-6　液压随钻震击器技术参数

型号	外径/ mm	水眼/ mm	接头螺纹 API	闭合总长/ mm	拉开行程/ mm	最大工作 扭矩/kN·m	最大抗拉载 荷/kN	最大震击力/ kN	出厂震击 力/kN
YSZ121	121	50	NC38	5757	650	12	1000	300	200
YSZ159 Ⅱ	159	57	NC50	6435	700	14	2500	600	350
YSZ178	178	60	NC50	6425	700	15	1800	700	350
YSZ203	203	70	$6^5/_8$ in REG	6646	700	18	2200	800	450

第二节　打捞工具

钻井常用打捞管柱、导向工具的主要有母锥、卡瓦打捞筒等。本节从结构、工作原理、使用方法、注意事项、维护保养、技术参数等几个方面进行介绍。

常用打捞管柱工具有公锥、母锥、卡瓦打捞筒、可退式卡瓦打捞矛、滑块式打捞矛等。本节从结构、原理、操作方法、注意事项、维护保养、技术参数等几个方面进行介绍。

一、公锥

图5-7　公锥

公锥是一种从钻杆、油管等有孔落物的内孔进行造扣打捞的工具。它对于带接箍的管类落物，打捞成功率很高。公锥与正、反扣钻杆及其他工具配合，可用于不同的打捞工艺。公锥由高强度合金钢锻造车制，并经热处理制成，为了便于造扣，公锥开有切削槽。

1. 结构

公锥是打捞作业中经常使用的工具，公锥的结构如图5-7所示，分右旋螺纹和左旋螺纹公锥两种，右旋螺纹公锥用于右旋螺纹钻杆的打捞作业，左旋螺纹公锥与左旋螺纹钻杆配合用于右旋螺纹钻具的倒扣作业。在接头部位的标志槽中以LH表示左旋螺纹，如GZ/NC50LH就表示连接螺纹为NC50的左旋螺纹公锥。还有一种大范围打捞公锥，它的特点是打捞螺纹部分较长，直径变化较大，可以打捞若干个内径不同的落鱼，适用范围较广，因而在落鱼内径不清楚的情况下，可以使用这种公锥。

2. 工作原理

当公锥进入打捞落物内孔之后，加适当的钻压，并转动钻具，迫使打捞螺纹挤压吃入落鱼内壁进行造扣。当所造之扣能承受一定的拉力和扭矩时，可采取上提或倒扣的办法将落物全部或部分捞出。

3. 操作方法

（1）根据落鱼水眼尺寸选择公锥规格，确定好规格后要检查打捞部位螺纹是否完好无损。

（2）用相当于落鱼硬度的金属物体敲击非打捞部位螺纹，检验螺纹的硬度和韧性是否满足要求。

（3）测量各部位的尺寸绘出结构草图，并计算鱼顶深度和打捞方入。

（4）公锥下井时一般应配接安全接头，以便根据需要脱开落鱼。

（5）下钻到鱼顶深度以上1.00~2.00m时开泵冲洗，然后以小排量循环并下探鱼顶。根据下放深度、泵压和悬重的变化判断公锥是否进入鱼顶，泵压增高、悬重下降说明公锥已进入鱼顶。

（6）造扣时，落鱼尺寸不同，造扣压力也不同，落鱼尺寸大，造扣钻压也大。造扣时必须停泵，加压10~40kN，间接地慢转钻具，并把压力跟上，记录转盘实际正转与倒车圈数，实际造扣以3~4圈为宜。上提钻具，若悬重上升，证明已经捞住落鱼，可开泵循环。如果循环正常，可以把扣再造紧一些，最多的造扣数不可能超过6扣；如果落鱼质量小且井下未阻卡的情况下，当造扣扭矩大于驱动钻头转动扭矩造扣时钻具跟着转动，这时应加大钻压至60~80kN，多转动几圈。

（7）起钻前，应提起钻具，然后下放到距离井底2.00~3.00m处猛刹车，检查打捞是否可靠。起钻要求平稳操作，禁止用钻盘卸扣。

（8）退出公锥。落鱼被卡而又循环不通，如未带安全接头，可以在上下多次的强力活动中使公锥滑扣，但最好的办法是在上提一定的拉力下，用转盘转动，迫使公锥滑扣。

4. 注意事项

（1）打捞操作时，不允许猛顿鱼顶，以防止将鱼顶或打捞螺纹顿坏。尤其应注意分析判断造扣位置，切忌在落鱼外壁与套管内壁的环形空间造扣，以免造成严重的后果。

（2）起钻操作平稳，不要转动转盘，用液压大钳卸扣。

5. 维护保养

工具使用完毕后，将工具全面清洗，进行仔细检查。对接头螺纹与打捞螺纹应刷净，涂黄油保养。对钻井液内含有盐、碱等腐蚀物质者，应用清水反复冲洗干净再进行保养，以免锈蚀。

6. 技术参数

公锥技术参数，见表5-7。

表5-7 公锥技术参数

序号	产品代号	大端直径/mm	小端直径/mm	水眼/mm	接头外径/mm	总长/mm	打捞孔径/mm
1	GZ/NC26—76×50	78	50	25	89	635	50~76
2	GZ/NC26—57×31	59	31	12	89	635	31~57
3	GZ/NC26LH—76×50	78	50	25	89	635	50~76
4	GZ/NC26LH—57×31	59	31	12	89	635	31~57
5	GZ/NC31—105×79	105	79	25	105	610	79~105
6	GZ/NC31—86×60	88	60	25	105	635	60~86
7	GZ/NC31—67×40	69	40	20	105	660	40~67
8	GZ/NC31LH—105×79	105	79	25	105	610	79~105
9	GZ/NC31LH—86×60	88	60	25	105	635	60~86
10	GZ/NC31LH—67×40	69	40	20	105	660	40~67
11	GZ/NC38—121×82	121	82	25	121	813	82~121
12	GZ/NC38—95×57	97	57	25	121	864	57~95
13	GZ/NC38—70×38	72	38	15	121	762	38~70
14	GZ/NC38LH—121×82	121	82	25	121	813	82~121
15	GZ/NC38LH—95×57	97	57	25	121	864	57~95
16	GZ/NC38LH—70×38	72	38	15	121	762	38~70
17	GZ/NC46—159×127	159	127	25	159	712	127~159
18	GZ/NC46—140×102	142	102	25	159	864	102~140
19	GZ/NC46—114×76	116	76	25	159	864	76~114
20	GZ/NC46—89×51	91	51	20	159	864	51~89
21	GZ/NC46LH—159×127	159	127	25	159	712	127~159
22	GZ/NC46LH—140×102	142	102	25	159	864	102~140
23	GZ/NC46LH—114×76	116	76	25	159	864	76~114
24	GZ/NC46LH—89×51	91	51	20	159	864	51~89
25	GZ/NC50—165×127	165	127	25	165	813	127~165
26	GZ/NC50—140×102	142	102	25	165	864	102~140
27	GZ/NC50—114×76	116	76	25	165	864	76~114
28	GZ/NC50—89×51	91	51	20	165	864	51~89
29	GZ/NC50LH—165×127	165	127	25	165	813	127~165
30	GZ/NC50LH—140×102	142	102	25	165	864	102~140
31	GZ/NC50LH—114×76	116	76	25	165	864	76~114

续表

序号	产品代号	大端直径/mm	小端直径/mm	水眼/mm	接头外径/mm	总长/mm	打捞孔径/mm
32	GZ/NC50LH—89×51	91	51	20	165	864	89~51
33	GZ/5/8in REG—203×165	203	165	25	203	813	165~203
34	GZ/5/8in REG—178×140	180	140	25	203	864	140~178
35	GZ/5/8in REG—152×114	154	114	25	203	864	114~152
36	GZ/5/8in REG—127×89	129	89	25	203	864	89~127
37	GZ/5/8in REGLH—203×165	203	165	25	203	813	165~203
38	GZ/5/8in REGLH—178×140	180	140	25	203	864	140~178
39	GZ/5/8in REGLH—152×114	154	114	25	203	864	114~152
40	GZ/5/8in REGLH—127×89	129	89	25	203	864	89~127

二、母锥

母锥是一种专门从钻铤、钻杆、油管等管状落物外壁进行造扣打捞的工具，主要用于圆柱形落物的打捞。

1. 结构

母锥结构如图5-8所示，是长筒形整体结构，由接头与本体构成。接头上有正、反扣标志槽，本体内锥面上有打捞螺纹。打捞螺纹与公锥相同，有三角形螺纹和锯齿形螺纹两种。同时也分有排屑槽和无排屑槽两种。

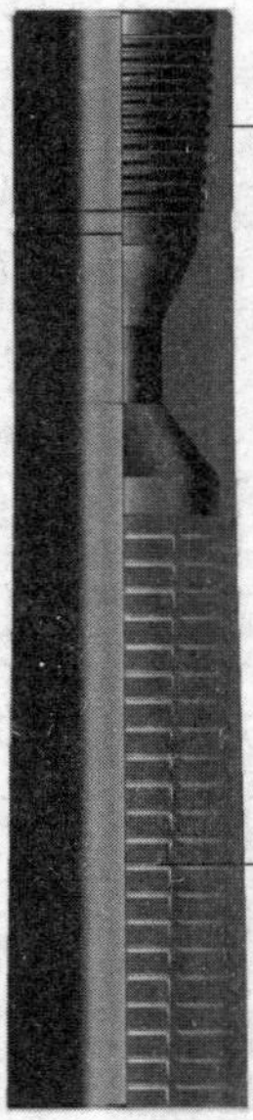

图5-8　母锥

2. 工作原理

当母锥套入打捞落物外壁之后，加适当的钻压，并转动钻具，迫使打捞螺纹挤压，吃入落鱼外壁进行造扣。当造扣能承受一定的拉力和扭矩时，可采取上提或倒扣的办法将落物全部或部分捞出。

3. 操作方法

（1）根据落鱼外径尺寸选择母锥规格。确定规格后，要检查打捞部位螺纹和接头螺纹是否完好无损。

（2）测量各部位的尺寸，绘出工作草图，计算鱼顶深度和打捞方入。

（3）用相当于落鱼硬度的金属物敲击非打捞部位螺纹的方法检验打捞螺纹的硬度和韧性。

（4）母锥下井时一般应配接安全接头。

（5）下钻到鱼顶深度以上1.00~2.00m开泵冲洗，然后以小排量循环并下探鱼顶。根据下放深度、泵压和悬重的变化判断鱼顶是否进入母锥。有挂扣感觉、泵压增高、悬重下降，说明鱼顶已进入母锥。

（6）造扣。造扣时，落鱼尺寸不同，造扣压力也不同，落鱼尺寸大，造扣钻压也大。现以打捞Φ127mm钻杆为例予以说明：造扣时先加压5~10kN，转动2圈（造两扣），再逐渐增加压力造扣；新母锥最大造扣钻压不应超过40kN。

（7）打捞起钻前，应提起钻具，然后下放到距离井底2.00~3.00m处猛刹车，检查打捞是否可靠。起钻要求平稳操作，禁止转盘卸扣。

4. 维护保养

母锥接头、打捞螺纹涂上防锈钾基或锂基黄油，戴上护丝，大端直立于牢固的木箱内，挂好标识牌，于防雨避晒、通风干燥处存放。

5. 技术参数

母锥技术参数，见表5-8。

表5-8　母锥技术参数

序号	产品代号	内孔大端直径/mm	内孔小端直径/mm	外圆大端直径/mm	接头外径/mm	总长/mm	打钻柱外径/mm
1	MZ/NC26-52×40	52	40	86	86	300	48
2	MZ/NC26-68×50	68	50	105	86	600	63.5
3	MZ/27/2REG-80×62	80	62	115	95	600	73
4	MZ/NC31-95×76	95	76	115	105	600	89
5	MZ/NC38-108×86	108	86	146	121	700	102
6	MZ/41/2FH-120×98	120	98	168	148	700	114
7	MZ/NC46-127×105	127	105	174	152	700	121
8	MZ/NC50-135×110	135	110	180	156	750	127
9	MZ/NC50-150×125	150	125	194	178	750	141
10	MZ/NC50-167×143	167	143	209	178	750	159
11	MZ/6$^5/_8$in REG-176×150	176	150	219	203	750	168
12	MZ/6$^5/_8$in REG-183×158	183	158	219	203	750	178
13	MZ/NC61-208×183	208	183	245	229	750	203

三、卡瓦打捞筒

卡瓦打捞筒是从落鱼外部抓捞落鱼的一种工具。它可以打捞钻铤、钻杆、油管、接头、接箍和其他管柱。该系列工具有密封结构，抓住落鱼后能进行钻井液循环。若抓住的落鱼被卡也能很容易退出来。还带有铣鞋，能有效地修理鱼顶裂口、飞边，便于落鱼顺利进入捞筒。如果需要增大打捞面积可连接加大引鞋，鱼顶偏倚井壁时可使用壁钩，抓捞部位距鱼顶太远可增接加长节。

1. 结构

可退式打捞筒外筒的结构如图5-9、图5-10所示，由上接头、筒体、引鞋组成。内部装有抓捞卡瓦、盘根和铣鞋或控制环（卡）。

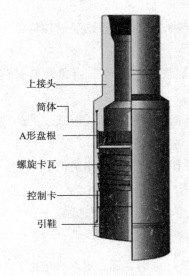

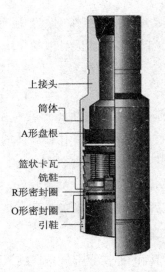

图5-9　螺旋卡瓦打捞筒　　　　　　　　图5-10　篮状卡瓦打捞筒

打捞卡瓦分为螺旋卡瓦和篮状卡瓦两类，每类又有几种尺寸的打捞卡瓦。进行打捞时，可选用一种适合落鱼外径的卡瓦装入筒体内。

螺旋卡瓦：螺旋卡瓦形如弹簧，外部为宽锯齿左旋螺纹，与筒体内螺纹配合，螺距相同，但螺纹面较筒体窄得多。内部是抓捞牙为多头左旋锯齿形螺牙，螺牙锋利坚硬。螺旋卡瓦下端焊有指形键，与控制卡配合后就阻止了螺旋卡瓦在筒体内转动。这类螺旋卡瓦通常设计三种抓捞尺寸。每个卡瓦的抓捞尺寸在标准打捞尺寸以下3mm的范围。

篮状卡瓦：篮状卡瓦为圆筒状，形似花篮。外部与螺旋卡瓦一样，但为完整的宽锯齿左旋螺纹，内部抓捞牙亦为多头左旋锯齿形螺牙，下端开有键槽，纵向开有等分胀缩槽。考虑到管子的磨损，每个卡瓦的抓捞尺寸在标准打捞尺寸以下3mm范围。

控制卡：由控制卡套和卡键焊接而成，供螺旋卡瓦通用，其作用在于限制螺旋卡瓦在筒体内只能上下运动不能转动。

铣鞋或控制环：控制环下端的喇叭口带有铣齿即为铣鞋，供篮状卡瓦用，其作用一是控制环的指形键与篮状卡瓦的键槽配合，约束篮状卡瓦在筒体中只能上下运动不能转动，另外是一个密封总成。内槽黏结有与各种尺寸篮状卡瓦相适应的R形盘根，起着与落鱼外径密封作用。外部装有O形密封圈，是密封总成的通用件，起着控制环与筒体内壁的密封作用。如果下端喇叭口带有铣齿，又起着修整鱼顶裂口飞边的作用。

A形盘根：为橡胶短筒，内部有密封唇，为落鱼外径与筒体内壁间密封用，与各种尺寸的螺旋卡瓦配套使用，它装在筒体的上部。利用上接头的下端斜面把它适度压紧即具密封性，使用篮状卡瓦时安装A形盘根是无妨碍的。

R形盘根：它的内面有密封唇，外表面黏结在控制环的内槽，与各种尺寸的篮状卡瓦配套使用。

上接头：有两个作用，上端有接头扣和钻柱连接，下端有螺纹与筒体连接，下端而为斜面，起着压紧A形盘根的作用。

筒体：两端有螺纹，上端的螺纹与上接头或加长节连接，下端螺纹与引鞋或壁钩连接。

内部有宽锯齿螺纹和螺旋卡瓦或篮状卡瓦的宽锯齿螺纹配合，但螺纹的公称直径要比卡瓦大，这样就给卡瓦在筒体内上下运动和胀缩创造了条件。

引鞋：外径和筒体外径一致，上端有螺纹和筒体连接，上端斜面起到压紧O形密封圈的作用，下端构成一个螺旋口，能诱导落鱼进入捞筒。

打捞筒附件：包括加长节，加大引鞋和壁钩，可根据井内情况选用。

2. 工作原理

打捞筒的抓捞零部件是螺旋卡瓦和篮状卡瓦，其外部的宽锯齿螺纹和内面的抓捞牙均是左旋螺纹，与筒体相配合的间隙较大，这样就能使卡瓦在筒体内有一定行程能胀大和缩小。当落鱼被引入捞筒后，只要施加一轴向压力，卡瓦在筒体内上行。由于轴向压力使落鱼进入卡瓦，此时卡瓦上行并胀大，运用它坚硬锋利的卡牙借弹性力的作用将落鱼咬住卡紧。当上提钻柱，卡瓦在筒体内相对地向下运动。因宽锯齿螺纹的纵断面是锥形斜面，卡瓦必然带着沉重的落鱼向锥体的小锥端运动，此时落鱼质量愈大卡得也愈紧。整个质量由卡瓦传递给筒体。

上面已述，筒体的宽锯齿螺纹和卡瓦的内外螺纹均为左旋螺纹。卡瓦与筒体配合后，也由控制卡或控制环约束了它的旋转运动，所以释放落鱼时只要施加一定压力，顺时针方向旋转钻柱，即将捞筒由落鱼上退出。由于抓捞牙为多头左旋螺纹，退出的速度较快。

3. 操作方法

1）打捞钻具的组合

（1）井身质量好，不易发生捞后卡钻的情况。

打捞筒+下击器+钻具。

（2）井下情况不明，可能出现捞后卡钻的情况。

打捞筒+安全接头+下击器+上击器+钻铤+钻具。

2）下井前准备

（1）工具选择。

①根据落鱼尺寸选用适当捞筒，配相应尺寸的一种卡瓦和盘根等。视井身变化和井径选定引鞋或加大引鞋，亦或壁钩，确定落鱼的抓捞部位是否需要连接加长节。

②卡瓦公称打捞内径一般应小于鱼顶打捞部位外径1~3mm。

③根据实际情况，当需要增大网捞面积时，可选择使用加大引鞋；当鱼顶偏倚井壁时，可选择使用壁钩；当打捞部位距鱼顶较远时，可选择使用加长节。

④检查。

下井前应按跟踪卡检查核对，准确无误后，方可下井。

（2）操作步骤。

筒体内无论是装螺旋卡瓦或篮状卡瓦，打捞作业过程中打捞和释放落鱼退出捞筒的操作是相同的。

①下钻前计算好碰顶方入、铣鞋方入和打捞方入。

②将捞筒连接在钻柱上，大钳不得夹卡在筒体上，以免损坏筒体，紧扣扭矩与钻柱相等。

③把可退式打捞筒下到距鱼顶0.30~0.50m位置，开泵循环，冲洗鱼顶周围的沉积物。

④停泵，顺时针间断转动并缓慢下放钻具，试探鱼顶。

⑤根据打捞方入及打捞钻具悬重变化，判断卡瓦已进入鱼顶打捞部位后，停止转动并施加30~50kN的钻压，使落鱼进入卡瓦。

⑥缓慢上提钻具，根据悬重变化判断是否捞获。未捞获时，可重复上述步骤。

⑦将落鱼提离井底0.50~0.80m，猛刹车2~3次，证明落鱼卡牢即可正常起钻。

⑧在鱼顶方入找不到鱼顶时，如打捞钻具长度校对无误，可在可退式打捞筒上带加大引鞋或壁钩，亦可加肘节或弯钻杆再捞。

⑨井内如需要退出落鱼，下放钻柱，顺时针方向旋转钻柱并慢慢上提，直到可退式打捞筒退出落鱼为止。无法退出时，推荐用地面震击器，用50~100kN震击力多次震击。

⑩捞上落鱼后，起钻拆卸立柱时不能用转盘卸扣。

⑪当落鱼起出井口后不应在井口释放，更不能在井口压松可退式打捞筒，有可能在钻台上压松落鱼。

⑫从落鱼上退出打捞筒，先卡住落鱼，用链钳卡住打捞筒，顺时针转动即可。

4. 技术参数

卡瓦打捞筒技术参数，见表5-9。

表5-9　卡瓦打捞筒技术参数

型号	外径/mm	螺旋卡瓦最大打捞尺寸/mm	篮状卡瓦最大打捞尺寸/mm	接头螺纹API
LT—T89	89	65	50.8	NC26
LT—T92	92	65	50.8	NC26
LT—T95	95	73	60.3	NC26
LT—T100	100	77.7	52.3	NC26
LT—T102	102	73	63.5	NC26
LT—T105	105	82.6	69.9	NC31
LT—T111	111	88.9	63.5	NC26
LT—T117	117	88.9	76.2	NC31
LT—T127	127	92.8	79.3	NC38
LT—T133	133	104.8	95.3	NC38
LT—T140	140	117.5	105	NC38
LT—T143	143	121	108	NC38
LT—T146	146	123.8	88.9	NC38
LT—T152	152	120.7	104.8	NC38
LT—T162	162	127	114.3	NC46
LT—T168	168	127	114.3	NC46
LT—T178	178	123.8	114.3	NC46
LT—T187	187	146	127	NC50
LT—T194	194	159	127	NC50
LT—T197	197	165.1	127	NC50
LT—T200	200	159	141	NC50
LT—T206	206	178	159	NC50
LT—T219	219	178	159	NC50
LT—T225	225	197	184.2	NC50
LT—T232	232	203	187	NC50
LT—T245	245	203	190.5	$6^5/_8$ in REG
LT—T254	254	203	190.5	$6^5/_8$ in REG
LT—T256	256	210	184	$6^5/_8$ in REG
LT—T257	256	216	196.8	$6^5/_8$ in REG
LT—T270	270	228.6	209.5	$6^5/_8$ in REG
LT—T273	273	228.6	203	$6^5/_8$ in 8REG
LT—T286	286	245	225.5	$6^5/_8$ in REG
LT—T298	298	254	235	$6^5/_8$ in 8REG
LT—T340	340	279	228.6	$7^5/_8$ in REG
LT—T350	350	204.8	285.8	$6^5/_8$ in REG

四、可退式卡瓦打捞矛

可退式卡瓦打捞矛是从落鱼内孔进行打捞的一种工具，它主要用于打捞钻杆、油管、套管等，可以与内割刀、震击器等工具配合使用，如果落鱼被卡提不出来，可退出捞矛起出钻具。

1. 结构

可退式捞矛有心轴、卡瓦、释放环和引锥等组成，如图5-11所示。

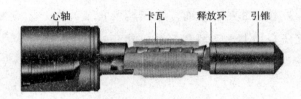

心轴　　　卡瓦　释放环　引锥

图5-11　可退式卡瓦打捞矛

2. 工作原理

（1）打捞矛自由状态下，圆卡瓦外径略大于落物内径。当工具进入鱼腔时，圆卡瓦被压缩，产生一定的外胀力，使卡瓦贴紧落物内壁，随着心轴上行和提拉力的逐渐增加，心轴、卡瓦上的锯齿形螺纹互相吻合，卡瓦产生径向力，使其咬住落鱼实现打捞。

（2）退出，一旦落鱼卡死，无法捞出需退出捞矛时，只要给心轴一定的下击力，就能使圆卡瓦与心轴的内外锯齿形螺纹脱开（此下力可有钻柱本身质量或使用下击器来实现）再正转钻具2~3圈（深井可多转几圈），圆卡瓦与心轴产生相对位移，促使圆卡瓦心轴锯齿形螺纹向下运动，直至圆卡瓦与释放环上端面接触为止（此时卡瓦与心轴处于完全释放位置），上提钻具，即可退出落鱼。

3. 操作方法

（1）根据落鱼内径的尺寸，选用与之相适应的可退式打捞矛。

（2）检查工具，使卡瓦的轴向窜动量符合技术要求。用手转动卡瓦使其靠近释放环，此时工具处于自由状态。

（3）接好钻具，下至鱼顶以上2.00m左右，开泵循环并缓慢下放钻具探鱼顶。

（4）探准鱼顶后，试提打捞管柱并记录悬重。

（5）正式打捞。当捞矛进入鱼腔，悬重有下降显示时，反转钻具1~2圈（现场经验证明多转几圈亦可）心轴对卡瓦产生径向推动，迫使卡瓦上行，使卡瓦卡住落鱼而捞获。

（6）上提钻具，若指重表悬重增加，证明已捞获，即可起钻，若悬重不增加，可重复上述操作直至捞获。

（7）如上提拉力接近或大于钻具安全负荷时，可用钻具（或下击器）下击心轴，并正转钻具2~3圈后在上提钻具，即可将工具提出。

4.维护保养

可退式卡瓦打捞矛可多次使用，因此维护保养与检查很重要。工具提出后，卸掉上下钻具，下击心轴使之与卡瓦脱开正转上提工具退出鱼腔。若下击心轴不能退出，最好在实验架上用液缸顶心轴则可推出。

（1）拆卸要点：①夹紧上接头；②卸掉引锥；③取出释放环；④将卡瓦右旋并取下；⑤清洗、检查、涂油。

（2）装配要点：①用虎钳夹紧心轴，并在其表面涂黄油；②检查圆卡瓦内外齿及尺寸，涂黄油后左旋拧在心轴上；③装释放环，套在心轴上；④拧紧引锥；⑤合格后涂黄油入库待用。

5.技术参数

可退式卡瓦打捞矛技术参数，见表5-10。

表5-10 可退式卡瓦打捞矛技术参数

规格/ in	接头螺纹	卡瓦外径/ mm	被捞落鱼/ mm	规格/ in	接头螺纹	卡瓦外径/ mm	被捞落鱼/ mm
$5^1/_2$	$4^1/_2$ in IF	121	118.6	7	$5^1/_2$ in HF	169	166.10
		124	121.4	$9^5/_8$	$7^5/_8$ in REG	220.5	216.5
		127	124.3			224.5	220.5
		128	125.7			226.5	222.4
		130	127.3			228.5	224.3
7	$5^1/_2$ in HF	154	150.4			230.5	226.6
		156	152.5			232.5	228.6
		158.5	154.79	$13^3/_8$	$7^5/_8$ in REG	315	313.6
		160.5	157.07			317.5	315.3
		163	159.41			320	317.9
		165	161.7			322.5	320.4
		167.5	163.98				

第三节 电缆、测井仪器打捞工具

测井过程中电缆或者仪器被卡后，一般先采用穿心打捞的方式，穿心打捞不成功，再采用内捞矛或者外捞矛打捞电缆，如果井下只有仪器，可以直接用打捞筒进行打捞。本节主要讲述穿心打捞工具及工艺、内捞矛、外捞矛和三球打捞器。

一、穿心打捞工具

穿心打捞工具主要用于带电缆仪器在井内遇卡时的处理，其主体部件是滑块式打捞器。

（一）结构

滑块式打捞器适用于具有标准尺寸蘑菇头式打捞头的下井仪器，主要包括引鞋、打捞器本体、滑块、管体、防掉环、转换接头等部分组成，结构如图5-12所示。

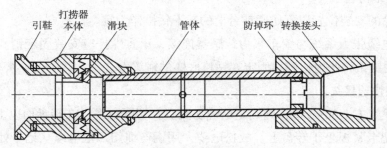

图5-12　滑块式打捞器结构示意图

（二）工作原理

将滑块打捞器连接在钻具底部，下钻过程中滑块打捞器使电缆与井壁剥离，滑块打捞器下至仪器顶部后，缓慢下放钻具抓住马笼头。通过上提、下放钻具，观察电缆张力数据及循环钻井液时泵压的变化，将仪器捞获后，随钻具一同起出。

（三）打捞电缆的操作方法

1. 打捞前的准备工作

（1）根据钻具、井眼尺寸和下井仪器马笼头的型号，选择合适的打捞工具。

（2）固定测井电缆。

①确定最大安全拉力：

$$T = TZ + TR \times 75\% - TY$$

式中　T——最大安全拉力，kN；

　　　TZ——电缆上提正常张力，kN；

　　　TR——弱点断裂张力，kN；

　　　TY——仪器自重，kN。

②绞车上提电缆，直到电缆张力超过正常张力5kN。

③在转盘平面0.10m以上，将"T"形卡钳安装在电缆上。

④放松电缆，使"T"形卡钳坐于井口，检验"T"形卡钳紧固情况。

（3）安装天滑轮。

①安装天滑轮宜选在白天进行。安装期间，钻台上禁止有人停留。

②下放游车，将天滑轮从游动滑车上卸掉。

③用吊升装置将天滑轮提升到井架顶部前侧最高处。

④用Φ22mm钢丝绳固定在井架顶部的横梁上，靠近井架前侧，滑轮两侧要用棕绳定位。

（4）安装地滑轮。

①地滑轮的安装位置以不妨碍钻台上的起下钻操作为宜。

②井口电缆张力系统与绞车张力传感器连接，承重螺杆应安装固定销。用断裂强度大于150kN的链条将张力传感器固定在钻机底座的横梁上。

（5）安装快速接头。

①在转盘上方1.50~2.00m处确定电缆切断点，切断电缆。在转盘面以上2.00m处做记号，然后把卡紧板坐于转盘上，放松电缆，用钢丝绳切刀把电缆从记号处切断。电缆卡点较深时可多留一点。当井斜大于10°，或者遇卡类型属于电缆吸附遇卡或者键槽卡时，切断点的位置应提高到2.50m。

②将井口端的电缆头穿过滑块式打捞器，套上绳帽盒后制作电缆头，组成测井电缆快速接头的母头（以下简称母头）。

③在绞车端的电缆头上，套上柔性加重杆、导向头和绳帽盒，制作电缆头，组成测井电缆快速接头的公头（以下简称公头）。

（6）检验测井电缆快速接头。

①系统检查测井电缆快速接头所有连接部位和固定部件，确保其牢固可靠。

②将测井电缆快速接头的公头和母头对接。

③绞车上提电缆至正常张力，校准井口张力表，使之与绞车面板上的张力表读数一致。

④绞车继续增加拉力至最大安全张力，保持5min做测井电缆快速接头强度试验。

⑤放松电缆，将T形卡钳坐在井口上。

2. 穿心打捞

钻杆穿心打捞是目前使用较普遍、效率最高、安全性最好的打捞方法。它能一次将仪器和电缆全部捞出，但它的缺点是需要从井口切断电缆。

（1）连接打捞工具操作步骤。

①脱开测井电缆快速接头。

②测井绞车上提电缆，将遇卡电缆比平常拉力多提9kN，把卡紧板固定在电缆上，卡紧板内补套应与电缆规格相符。快速接头的公头到达二层平台附近时减速。井架工将

电缆公头从预下井的一柱钻杆的水眼里穿下来。

（2）将绞车一端的电缆穿过地滑轮和天滑轮。地滑轮固定在钻台上，天滑轮固定在天车大梁上，要使电缆与上下运行的游车不产生摩擦。指重计固定在地滑轮上，表面朝向容易观察的方向。

（3）将井口一端的电缆头穿过引鞋、打捞筒、变径短节后卡上绳帽和矛形头，如果通过的管内有台肩，还应装导向装置。

（4）司钻提起钻杆立柱，测井工把电缆矛形头与打捞接头对接起来，然后把变径短节、打捞筒、引鞋和钻杆立柱连接起来。

（5）绞车司机提起电缆，上提拉力超过正常拉力9kN，静止5min，检查电缆卡头是否连接牢靠，天滑轮、地滑轮是否固定牢固，电缆与游车是否摩擦，指重计是否灵敏。

（6）保持电缆原来拉力，取掉卡紧板，将钻具慢慢下入井内，要注意观察钻具指重表和电缆指重计，如果两者之一发生异常，应立即停止下放，分析原因。下钻时要锁住转盘和大钩，不许钻具转动。

（7）吊卡下放到井口坐稳后，将坐电缆卡头的开口承托板坐在钻杆母接头上，然后放松电缆，坐稳电缆卡头。这时可用专用钳子将卡瓦式打捞接头内弹簧片压回，卡瓦松开下部的矛形头，两者的连接脱离。

（8）上起游车至二层平台，当吊卡扣上第二个立柱时，再将电缆打捞接头提到二层平台，让井架工再从钻杆水眼中穿下来。

（9）重复上述动作，直到打捞筒下至仪器位置，顺藤摸瓜，将被卡仪器套入打捞筒的卡瓦中。

（10）证实仪器捞住后，就上提电缆，使其从仪器顶部连接最薄弱的环节处拉断，首先起出电缆，然后起钻，取出仪器。为了保险起见，也可以不要拉断电缆，而将电缆与钻具同时上起，每起一个立柱，即截去一段电缆，直至起完。但这样做要报废一盘电缆，而且工序也非常繁琐。

3. 可能发生的问题及解决办法

（1）电缆卡滑脱，电缆落井，那只好下捞矛打捞了。

（2）如电缆卡和矛形头落入钻杆水眼内，应用较大的导向装置和打捞筒下入钻具水眼打捞矛形头。如打捞不成功，只能起出钻具，变径短节会把电缆卡托住而将电缆带出。

（3）如电缆卡滑脱，电缆落入钻具水眼内，由于水眼的限制，电缆头下行不会很多，应用油管和外钩捞矛在钻具水眼内打捞。如打捞不成，可加压将最上部电缆挤压成饼状，然后起钻，争取变径接头把电缆带出。

（4）砂桥遇阻：下钻时如大钩指重表指针下降，而电缆指重计无显示，则可能是井内砂桥遇阻。遇到这种情况，只能循环钻井液进行冲洗。

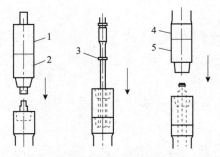

图5-13　砂桥遇阻固定深度循环示意图

其操作程序如图5-13所示。

①用开口承托板将电缆卡头坐在井口钻杆的母接头上，把循环短节和钻杆配合短节套在上部电缆上，然后把电缆打捞头与矛形头对接，提起电缆，取掉开口承托板。

②把循环短节接在井口钻杆上，把专用的变径衬管（开口插塞）套在电缆上并放进循环短节，下放电缆，使下部电缆卡坐于变径衬管上，解开打捞接头。

③把方钻杆接到井口钻具上，就可以开泵循环钻井液了。

这样的循环方法有一定的局限性，即钻杆下放的距离不能超过电缆在仪器质量作用下的伸长量，因为超过此量，电缆就放松了，有可能被打捞筒的引鞋所切断。不同直径的电缆在不同仪器重力作用下的伸长可在图5-14中查出。

但是井下砂桥有多长，很难预料，用上述方法进行循环，局限性很大。不如用图5-15所示的方法进行循环，该方法是将电缆通过盘根盒进行密封，可以永远保持一定的拉力，钻具向下活动的距离也大得多。通过三通接头循环钻井液，连接也比较方便。

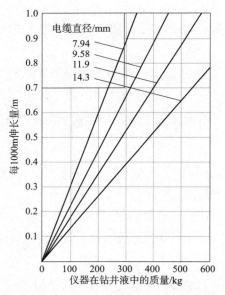

图5-14　测井电缆自重伸长量

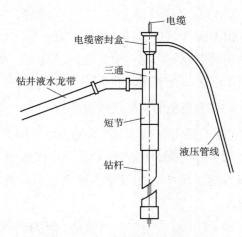

图5-15　大范围循环钻井液装置

（5）下放钻具时，电缆拉力突然增加，这种现象表明电缆可能有打结的地方，或者是电缆卡在键槽里，应上提钻具，直到电缆恢复拉力后，再增大电缆拉力，把电缆拉直，再慢慢下放钻具，将电缆挤出键槽，或使较小的电缆结能进入钻具水眼，要反复试下，不可操之过急。如果实在下不了，可以起钻，但不要把电缆拉断，起钻后，从电缆旁边下钻杆带捞矛，在电缆打结处如果遇阻，就在该处进行打捞，可以转动2~3圈后上起钻柱，同时上起电缆。如果电缆仍然遇阻，说明没有捞住，可再下放钻柱进行打捞，直至捞获为止。如捞矛在电缆打结处不遇阻，可继续下放直至仪器附近，转动钻具2~3圈，进行打捞，直至捞获为止。此时可能有两种情况发生，一种是电缆仪器同时捞获，另一种是把电缆捞获了，但把仪器扔到井下了，无论如何，此时都应该起钻了，同时上起电缆。如果电缆已解卡，可与钻具同步上起，如果电缆仍然起不动，可能是黏附在井壁上了，可以直接把钻具起完，待下部的电缆头到达井口时，再倒着把电缆起出。

除打捞时可以转动几圈之外，在整个起钻和下钻过程中，都不允许钻具转动，最好把转盘和大钩锁死。

（四）打捞测井仪器的操作方法

测井仪器形状各异，不同用途的仪器其形状不同，相同用途而生产厂家不同的仪器其形状也不同，但总的来说，都是细长杆状，都需要用打捞筒进行打捞，我们最需要的是了解仪器的外部尺寸，现在将常用的一些仪器规范列于表5-11，仅供参考。

表5-11　测井仪器外形尺寸

仪器名称	型号	头部外径/mm	仪器外径/mm	长度/mm	质量/kg
综合测井仪	JZW-77	80		1720	70
感应测井仪	GY-74	70	102	4600	135
双感应八向测井仪	德莱赛	50.8	85.7	9665	145
声速仪	SS-75	65	92	2620	51
井斜仪		65	65	2300	50
同位素测井仪		38	38	2880	50
找水仪	78-B	60	80	3450	100
小井径井温仪	JW-80		35	745	35
闪烁放射性仪	FC-751	86	102	1710	100
超深井闪烁测井仪	FCS-801	85	89	2360	150
小井径自然伽马仪		65	89	1570	80
补偿密度仪		50.8	105.6	4216	240
邻近侧向-微侧向-微电极	德莱赛	88.9	114.3	4300	185
声波和井径仪	德莱赛	50.8	114.3	9309.5	150
自然伽马和补偿中子仪	德莱赛	50.8	92.07	4368.8	150
地层倾角仪	德莱赛		102	7467.6	274
中子密度仪			102	3100	125

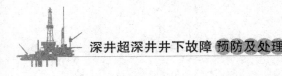
续表

仪器名称	型号	头部外径/mm	仪器外径/mm	长度/mm	质量/kg
双侧向仪	胜利79		102	6200	125
取心器			70	2650	103
声幅仪	GJ75B	65	89	2400	65
声幅仪	CSG-681	75	102	2520	75
同位素测井仪			42	2850	50.5

1. 打捞前准备工作

（1）司钻操作游动滑车，提起预下井的钻杆，内、外钳工应扶持钻杆。同时，测井绞车操作人员下放电缆，直至快速接头公头露出，能够与母头对接为止。

（2）对接测井电缆快速接头。上提测井电缆，使电缆张力超过正常张力5kN。

（3）将滑块打捞器连接在钻杆下端。

（4）下放打捞工具。拆除T形卡钳。

（5）将打捞工具及钻杆下入井中。

（6）下放电缆，测井工用C形挡板将快速接头的母头卡在钻杆顶端。放松电缆将快速接头脱开。

（7）测井绞车上提电缆，使快速接头的公头到达二层平台附近，架子工将公头放入预下井的下一柱钻杆的水眼里。

（8）司钻操作游动滑车，提起钻杆立柱。同时，绞车操作人员下放电缆，直到快速接头的公头露出钻杆，能够与母头对接为止。

（9）对接测井电缆快速接头。上提测井电缆，使电缆张力超过正常张力5kN，抽出C形挡板。

（10）连接钻杆，下入井中。

（11）重复（3）~（7）的操作，直到将打捞工具下放到距离下井仪器打捞头的深度16.00~25.00m的位置为止，停止下钻，准备循环钻井液。

（12）下放打捞工具要求。

①作业过程中，要始终保持测井电缆快速接头的公头低于游动滑车，防止快速接头被缠绕进游动滑车的钢丝绳之中。

②下放钻具要平稳、速度要慢，裸眼井段以6min下放一柱为宜。接近卡点部位时下放速度应不超过0.20m/s。

③每当下放钻具至最后一个单根时，速度减慢，防止加重杆通过钻杆水眼时发生挂碰。

④下放钻具时，测井绞车操作人员应保持电缆张力，防止测井电缆在下钻过程中被

卡断。密切关注电缆张力，发现张力突然增大，应立即放松电缆，并通知司钻停止下钻。

⑤下放打捞工具过程中，司钻和井口人员要密切观察指重表悬重的变化，发现异常情况，立即停止下钻，慢速上提至恢复正常后再下钻。

3. 循环钻井液

（1）接上钻井液循环短节。

（2）将循环钻井液的C形堵头放入钻井液循环短节水眼内。

（3）下放电缆，快速接头的母头坐在循环钻井液C形堵头上后，将接头快速脱开。

（4）接上方钻杆，冲洗打捞器具内部，有助于打捞作业。

（5）循环钻井液时可以适当上下活动钻具，下放钻具控制在3.00m以内，上提钻具时至接头原位置（下放前的位置）；因为此时电缆与钻具是同步的，上提钻具时仪器没有解卡，可能将电缆拉断。

（6）在鱼顶上方循环钻井液、活动钻具时记录钻具正常下放、上提、静止吨位及循环泵压，为判断捞住仪器及上提钻具提供依据。

4. 打捞下井仪器

（1）在穿心打捞时，任何情况下都不许转动钻具。

（2）卸掉方钻杆和钻井液循环短节。对接电缆快速接头，上提电缆检验电缆张力有无异常变化。

（3）接上钻杆，缓慢下放钻具，并密切注意大钩指重表和电缆指重计，若钻具遇阻而电缆指重计无反应，说明仪器被砂埋，应循环钻井液下冲，并记录泵压。逐渐靠近下井仪器打捞头。当张力增加5kN时，便停止下钻。

（4）上提钻具10.00m，如果打捞到下井仪器，电缆张力应下降；下放钻具10.00m，电缆张力恢复原来数值；再次上提钻具10.00m，电缆张力下降。

（5）测井绞车上提电缆10.00m，张力恢复到原来数值，可确认下井仪器被捞获。超深井通过张力不好判断时，可利用泵压变化情况进行判断，记录在仪器顶部循环钻井液时的泵压和排量，如果捞住了井下仪器，那么在同样的排量下，泵压应该升高。

（6）下钻打捞仪器前，核对下钻深度（钻具数据表），若钻具遇阻仪器未入筒，可判断钻具遇阻位置是否在鱼顶，为制定打捞措施提供依据。

（7）若钻具遇阻的同时电缆拉力也上升，说明打捞筒已接触到仪器。此时上提钻具，如电缆拉力下降至原拉力后不再下降，说明仪器未被捞住，应重新下放钻具打捞。

（8）重新打捞时，应多下入一些钻具，但必须密切注意电缆张力，电缆绞车司机要与钻台司钻密切配合，必要时要下放电缆，务必不使电缆张力超过其安全应力。若下放电缆后，钻具阻力消失，说明仪器已解卡或已被打捞筒捞获。上起钻具，若电缆拉力降到正常拉力以下，说明仪器已被捞获。若钻具不动，上提电缆时阻力不增加，说明仪器

161

落井。若上提钻具，电缆拉力下降至原拉力值后不再下降，但上提电缆时在一定范围内拉力也不上升，直至仪器接触捞筒时，拉力突然上升，这种情况，说明仪器虽然没有捞住，但已解卡，此时就不应拉断仪器与电缆的结合点，而应采取边起钻边起电缆的方法把仪器起出。

（9）如确信仪器已经捞获，可以准备起钻，用电缆绞车或钻机大钩上提电缆，每次增加5~10kN，直至电缆从薄弱环节处拉脱，然后卸去上下电缆卡头，将电缆头直接嵌接起来，用电缆绞车起出。如还有怀疑，可开泵循环钻井液，此时泵压应比以前有所上升。

（10）如确信仪器已经捞获。

（11）起出钻具和仪器。

5. 回收测井电缆。

（1）卸开钻杆。

（2）将T形卡钳安装在电缆快速接头下面的电缆上。

（3）用游动滑车上提T形卡钳，逐渐增加拉力直到拉断电缆弱点，拉力下降后再上提2.00m，若拉力保持不变，证明弱点已被拉断。操作之前必须进行安全检查，疏散钻台上的人员。

（4）下放测井电缆，使T形卡钳坐落在井口。将电缆固定好之后，切除快速接头和加重杆。

（5）将测井电缆两端铠装对接在一起，铠装长度应大于6.00m。

（6）测井绞车上提测井电缆，拆除T形卡钳。

（7）确认天滑轮和电缆处于正常运行状态，开始慢速回收测井电缆。电缆对接部位安全通过天地滑轮，在绞车滚筒上排列好之后，方可用正常速度回收测井电缆。回收测井电缆的同时，可以活动钻具以防黏卡。

（8）测井电缆的端头离井口30.00~40.00m时，绞车停止上起电缆，防止电缆从天滑轮上自行坠落。将电缆从井内起出，并查看断点是否在弱点处。切除鱼雷，回收剩余的电缆。

6. 回收下井仪器

（1）测井电缆回收完毕，可起钻回收下井仪器。起钻要慢速、平稳，使用液压大钳卸扣。

（2）下井仪器起到井口时，用C形卡盘将仪器卡在井口进行拆卸，所有仪器起出后，将井口盖好。下井仪器装有放射性源时，首先应将放射性源取出，再拆卸仪器。

（3）回收测井仪器及打捞用具，清理现场。

7. 异常情况及处理方法

（1）下钻中途测井电缆张力明显下降：上提电缆确认为中途自行解卡后，可停止下钻，将电缆快速接头部位处理好之后，用绞车将下井仪器拉进打捞器，完成后续打捞作业；如果井下打捞工具的位置距离下井仪器不超过300.00m，亦可继续下放打捞工具完成打捞作业。

（2）快速接头脱开，母头落井：将打捞筒起出井口，如果母头被带出，可以重新进行打捞；如果母头未被带出，应考虑用其他方法进行打捞。

（3）电缆在母头的绳帽盒处脱落：应起出钻具，打捞电缆。

（4）下放打捞工具的过程中，电缆张力突然增大：可能是电缆打扭所致，测井绞车操作人员应立即放松电缆，及时通知司钻停止下钻，然后上提钻具。适当增加电缆张力（不超过最大安全张力）后，缓慢下钻，能够通过则继续打捞。如果重复2~3次，现象仍然未能消除，应考虑选用其他方法进行打捞。

（5）下放打捞工具的过程中，电缆张力起初缓慢增大，随后增速加快：可能是电缆外皮钢丝断裂所致。

（6）下放打捞工具的过程中，发生遇阻现象或者遇到砂桥，采用循环钻井液的方法解除。

（五）规格参数

滑块打捞器规格参数见表5-12。

表5-12　滑块打捞器规格参数

序号	工具适用井眼范围/mm	钻具型号/in	打捞工具扣型	循环短节	打捞工具外径/mm	马笼头型号	防掉环/mm	快速接外径/mm
1	216以上	5	410	410×411	190	89	50	56
		5½		520×521				
2	152	3½	310	310×311	138	89	50	56
		3½	310	310×311	120	70	50	56
3	118	2⅞	210	210×211	108	70	40	44

二、内钩捞绳器

内钩捞绳器是在井眼畅通的情况下，从井筒内打捞电缆、钢丝等绳状工具。

1. 结构

内钩捞绳器也叫内捞矛，把厚壁钢管割开，内壁焊上挂钩制成。如图5-16所示。

2. 工作原理

挂钩顺时针方向旋转，电缆被挂钩挂住之后，在转动扭矩的作用下，钩体向内收缩，使打捞更为可靠。内钩捞绳器只有在井眼较大的情况下才可使用，它的优点是电缆不容易穿越到捞绳器上面。

3. 操作方法

1）工具选择

根据套管内径或钻头直径选择工具，使用内钩捞绳器时，其外径与套管内径或井眼直径的间隙，不得大于电缆直径。

2）钻具组合

（1）捞绳器+安全接头+钻杆。

（2）捞绳器+1根钻杆+安全接头+钻杆。

图5-16　内钩捞绳器

3）套管内打捞

（1）若断落的电缆头在套管内，可以用电缆接捞绳器直接打捞，但下放捞绳器时不能一次下入过多，要下一段起一段，逐步深入，看电缆张力是否增加，如发现电缆张力增加，应立即上起。

（2）若套管内电缆盘结很死，捞绳器插不进去，可以下铣锥把电缆铣散，但铣锥外径不得小于套管内径8~10mm。

4）裸眼内打捞

（1）电缆拽断后，丈量起出的电缆，或用测电阻值的方法可确定电缆头的位置。

（2）在测量或估算深度以下50.00m开始打捞，转动捞绳器2~3圈后上提。如无任何显示，可再多下一个立柱，再转动2~3圈后上提一立柱的距离。如此反复试探，但最多不许超过100.00m，无论有无显示，必须起钻。

（3）经第一次打捞，如捞上电缆，应丈量其长度，估算井下电缆头的深度，重复（2）的操作。

（4）如没捞上电缆，可以从第一次打捞的深度开始，每下一立柱，转动2~3圈，再上起一立柱的距离，检查井下情况，最多下入深度不许超过4个立柱，必须起钻。

4. 注意事项

（1）若下钻遇阻，此时已将电缆推下很多，电缆已经结盘，应立即打捞，不可再往下推。

（2）当电缆黏附于井壁上，捞绳器无论下多深都碰不到电缆时，可以把捞绳器一直下到仪器遇卡位置，打捞电缆的下端，把仪器和电缆提到井口后，再用电缆绞车把电缆起出来。

（3）如果捞绳器未装挡绳帽，上提阻力很大，不能下放而能转动钻具时，就争取转动，同时循环钻井液。转动的目的：一是缠紧电缆圈，使外径缩小；二是争取把电缆磨碎；三是争取把捞钩别断。这时首先考虑钻具安全起出问题，其次考虑打捞电缆问题。

5. 技术规格

内钩捞绳器技术规格，见表5-13。

表5-13 内钩捞绳器技术规格

外径/mm	接头螺纹	挂钩直径/mm	挂钩数目	开口长度/mm	总长/mm
219	NC50	16	6	950	1400
194	NC50	14	5	800	1200
168	NC38	14	4	600	1100
140	NC38	14	3	500	900
102	$2^7/_8$in IF	14	3	400	800

三、外捞矛

外捞矛是在井筒内打捞测井电缆、钢丝等绳状的工具。外捞矛工具的加工必须要保证强度要求，严禁用有缝钢管加工，外捞矛工具的加工必须要保证强度要求，一般情况下采用5in钻杆或3.5in钻杆加工。

1. 结构

外捞矛由接头、挡绳帽、本体和捞钩组成。本体的锥体部分焊有直径为15mm的捞钩，捞钩与本体轴线呈正旋方向倾角，挡绳帽的外径应比钻头直径小8~10mm，圆周可以开6~8个斜水槽，挡绳帽的用途是防止电缆挤过挡绳帽而造成卡钻。外捞矛结构如图5-17所示。

这种工具在现场可以用废公锥、油管或小钻杆自行制造。

2. 工作原理

确定电缆或钢丝在井筒内的位置深度后，下入外捞矛过鱼顶20~30m，转动外捞矛利用捞钩将电缆或钢丝缠绕在外捞矛上，确定捞获后起钻。

3. 操作方法

1）工具选择

根据套管内径或钻头直径选择工具，使用外钩捞绳器时，挡绳帽的外径与套管内径或井眼直径的间隙不得大于电缆直径。

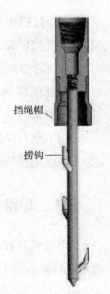

挡绳帽

捞钩

图5-17 外捞矛

2）钻具结构

（1）外捞矛+安全接头+钻杆。

（2）外捞矛+1根钻杆+安全接头+钻杆。

3）套管内打捞

若断落的电缆头在套管以内，可以用电缆接捞绳器直接打捞，但下捞绳器时也不能一次下入过多，要下一段起一段，逐步深入，看电缆张力是否增加，如发现电缆张力增加，应立即上起。在套管内也有这种情况，电缆盘结很死，捞绳器插不进去，可以下铣锥把电缆铣散，但铣锥外径不得小于套管内径8~10mm。

4）裸眼内打捞

（1）确定电缆头的位置。电测井内液体的电阻值，只要仪器碰到电缆，电阻回零或变小，即可确定电缆头的位置。

（2）下外捞矛入井，可以在测量或估算深度以下20.00~30.00m开始打捞，转动捞绳器2~3圈后上提，根据指重表悬重变化，确定是否捞获，悬重增加说明捞获落鱼。

（3）如悬重无变化，可再多下一个立柱，再转动2~3圈后上提一立柱的距离，如无任何显示，可再多下一个立柱，如此继续试探，但最多不许超过100.00m。

（4）经第一次打捞，如捞上电缆，应丈量其长度，如果无法准确丈量，则称重，按0.5kg/m估算长度。

（5）根据上次打捞出的电缆长度估算井下电缆头的深度。可以从第一次打捞的深度开始，每下一立柱，转动2~3圈，再上起一立柱的距离，检查井下情况，最多下入深度不许超过四个立柱，必须起钻。

（6）打捞电缆时，若下带挡绳帽的外捞矛，下钻时可能遇阻，此时已将电缆推下很多，电缆已经结盘，因此只要发现遇阻，应立即打捞，不可再往下推。

（7）若电缆黏附于井壁上，外捞矛无论下多深都碰不到电缆。此时就可以把外捞矛一直下到仪器遇卡位置，打捞电缆的下端，把仪器和电缆提到井口后，再用电缆绞车把电缆起出来。

（8）若上提阻力很大，下放已不可能时就争取转动以缠紧电缆圈使外径缩小、把电缆磨碎或把捞钩别断，同时循环钻井液，设法把钻具起出来。

四、开窗式打捞筒

开窗式打捞筒是用来打捞长度较短的管状、柱状落物或具有卡取台阶落物的工具，如带接箍的油管短节、筛管、测井仪器、加重杆等，也可在工具底部开成一把抓齿形组合使用。

1. 结构

开窗式打捞筒由接头、筒体、两副卡板和引鞋组成。上接头上部有与钻柱连接的钻杆扣，下端与筒体相连。筒体一般采用套管制作，筒体上开有1~3排梯形窗口，在同一排窗口上有3~4只梯形窗舌，窗舌向内腔弯曲，弯形后的舌尖内径略小于落物最小外径，如图5-18所示。

2. 工作原理

当落鱼进入筒体并顶入窗舌时，窗舌外胀，其反弹力紧紧咬住落鱼本体，窗舌也牢牢卡住台阶，即把落物捞住。

3. 操作方法

（1）地面检查工具完好及与落鱼配合情况，如有不合适，进行修整，直到合适为止。

（2）打捞时下钻至鱼顶以上2.00~3.00m，慢转钻柱下放，引鱼入腔。

（3）继续下放管柱，稍加钻压1次后，提起1.00~2.00m，重复打捞数次，即可起钻。

（4）平稳起钻，勿碰与敲击钻柱，以免将落鱼震落。

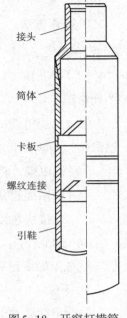

图5-18　开窗打捞筒

五、三球打捞器

三球打捞器是专门用来打捞下井仪器和抽油杆接箍或抽油杆加厚台肩部位的工具。

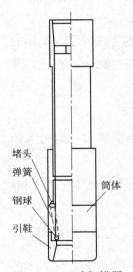

图5-19　三球打捞器

1. 结构

三球打捞器由筒体、钢球、弹簧、引鞋、堵头等零件组成。筒体上部为公扣，用来连接加长筒接头和加长筒，然后连接变扣接头，以便与钻具配接。在公扣与筒体的台肩外，均布三个等直径斜孔，与筒体内大孔交汇。三个斜孔内各装有一个大小一致的钢球和弹簧，并被连接在筒体下端的引鞋上端面堵住。引鞋下部内孔有很大锥角，以便引入落鱼。工具从上至下有水眼，可进行循环。结构如图5-19所示。

2. 工作原理

三球打捞器靠三个钢球在斜孔中位置的变化来改变三个球公共内切圆直径的大小。落鱼进入引鞋后，接箍或台肩推动钢球沿斜孔上升。同时压缩三个顶紧弹簧，待接箍或台肩通过三个球后，三个

167

球依其自重和弹簧的压力作用下沿斜孔回落，停靠在落鱼本体上，马笼头打捞帽台肩或抽油杆台肩及管柱接箍因尺寸较大，无法通过而压在三个钢球上，斜孔中的三个钢球在斜孔的作用下，给落物以径向夹紧力，从而抓住落鱼或仪器。

3. 操作方法

1）安装

（1）校准拉力，按6kN/km计算，直井多提5kN，斜井保持原拉力，距井口0.50m电缆处做记号。

（2）上提电缆1.00~2.00m，打T形卡坐到井口，从记号处刹断电缆。钻井队安装天地滑轮，小队安装加重杆、快速接头。

（3）起电缆，将快速接头起至井架二层台，由钻工放入待下的第一根钻杆里。

（4）司钻提起钻杆，连接打捞筒。

（5）连接快速接头，上提电缆，将T形卡起出井口。检查天地滑轮、电缆、绞车。

（6）卸T形卡，慢放钻杆至井口。慢放电缆，将快速接头用卡盘坐在钻杆接头上，在绞车电缆上做好记号。

2）下钻

（1）司钻将空游车提离井口，钻工打开快速接头。起电缆，快速接头至二层台，由钻工放入待下的钻杆中，下放电缆。

（2）司钻上提钻杆，钻工扶好钻杆到井口，连接快速接头。

（3）绞车上提电缆，将快速接头提离钻杆接头5~10cm，钻工撤掉卡盘，接钻杆。

（4）匀速下钻到井口，司钻将空游车上提，钻工放好卡盘，绞车缓慢下放电缆，坐好卡盘，放松电缆，钻工打开快速接头，起电缆至二层台。

（5）下钻过程中如果出现遇阻现象（砂桥），应采取循环钻井液的方法冲洗，仍不能下放，应采取起出该打捞器，更换小直径打捞器，遇阻吨位不能超过30kN，防止切断电缆。

3）打捞

（1）打捞筒距仪器2~3立柱时，就要缓慢下放钻具。密切观察电缆张力，若电缆张力持续增加，说明打捞器已压紧仪器。

（2）司钻上提钻具，若电缆张力持续下降，接近零张力，说明已抓住仪器，否则继续下放钻具。

（3）上提电缆，张力上升，可比原张力增加10~15kN。下放电缆，若张力持续下降，接近零张力，说明已抓住仪器。

（4）起钻杆1立柱，卸开钻杆，打开快速接头，反抽钻杆1~2立柱，为铠装电缆留下足够长度。

（5）在钻杆接头处将电缆用T形卡卡住，将快速接头连同电缆拉下钻台，从快速接头两端剁断电缆，铠装电缆。井队注意活动钻具。

（6）卸T形卡，绞车上提电缆，保持张力40~50kN，重新打好T形卡，井队用游车缓慢拉断电缆。

（7）卸T形卡，用绞车起出电缆。井队注意活动钻具。

（8）电缆起出后，井队起钻，起钻严禁钻盘卸扣。下钻时注意观察电缆张力。如张力下降，可上提电缆。如提前解卡，可停止下钻。起电缆，将快速接头起至井架二层台。计算好打捞筒至仪器距离，按（5）步，铠装好电缆后，起电缆至仪器进打捞筒。下钻时若需循环钻井液，可将快速接头用循环挡板坐在钻杆水眼里，井队可接方钻杆循环钻井液。在铠装电缆和起电缆过程中，井队要注意活动钻具，只能上下活动，不能转动钻具。

（9）如果下钻时多次出现遇阻现象（大斜度井），同时又是放射性全套仪器。应当考虑请示上级领导，采取反抽（反穿心，上提钻具切断电缆）的方法，确保万无一失的打捞中子源。

（10）如果起钻时出现遇卡现象，钻具提拉负荷不能超过该井钻具悬重加150kN的拉力，应在小于该吨位的拉力下，平稳的上下活动钻具。

4）退出落物

（1）不带台阶落物退出方法。卸掉接头及加重筒部分，向上拉出马笼头。

（2）带台阶落物退出步骤：①卸掉接头及加重筒部分；②卸掉丝堵及弹簧；③旋转打捞筒倒出钢球；④抽出马笼头。

4. 维护和保养

（1）各种尺寸打捞器必须建立使用档案，记录使用过程中是否加压超限，大吨位提拉和受到强大的扭转力。如有以上现象必须经过超声波探伤，方能再次下井。

（2）各部位清洗干净后，上油防锈，并且每口井必须更换钢球和弹簧。

（3）如打捞器三次在高浓度硫化氢二氧化碳环境中作业，应强制性报废。

（4）使用五年有过多次遇卡遇阻记录，经探伤强度下降，应强制性报废。

（5）决不允许在打捞器任何部位电焊与气焊，防止出现应力集中，造成落井事故。

5. 技术规范

三球打捞器技术规范，见表5-14。

表 5-14　三球打捞器技术规范

序号	规格型号	外形尺寸/mm	接头螺纹	使用规范及性能参数	
				落物规格	工作井眼/in
1	SQ95--01	95X305	2in油管母扣	$^3/_5$in、$^3/_4$in抽油杆台肩接箍	$4^1/_2$
2	SQ95--02	95X305	2in油管母扣	$^7/_8$in、1in抽油杆台肩接箍	$4^1/_2$
3	SQ102—01	102X700	$2^1/_2$in外加厚油管母扣	Φ52—Φ61测井仪器马笼头打捞帽	5
4	SQ102—02	112X305	$2^1/_2$in外加厚油管母扣	$^7/_8$in、1in抽油杆台肩接箍	5
5	SQ102—03	112X180	依钻具定	Φ57~Φ62测井仪器马笼头打捞帽	5
6	SQ114—01	114X305	依钻具定	$^5/_8$in、$^3/_4$in抽油杆台肩接箍	$5^1/_2$
7	SQ114—02	114X305	依钻具定	$^7/_8$in、1in抽油杆台肩接箍	$5^1/_2$
8	SQ134—02	134X800	依钻具定	Φ58—Φ61马笼头打捞头	$5^1/_2$
9	SQ140	140X320	依钻具定	$^3/_4$in、$^7/_8$in、1in抽油杆	$6^5/_8$
10	SQ150	150X320	依钻具定	台肩及接箍	7
11	SQ160	160X800	依钻具定	Φ82~Φ92测井仪器马笼头	7

第四节　辅助打捞工具

辅助打捞工具是为了使井下落鱼更加容易被打捞的工具。包括修整鱼头的工具、拨正落鱼的工具、保证落鱼捞不起来退出钻具的工具，某些辅助工具与打捞柱配合使用。辅助打捞工具包括安全接头、正反接头、铅模、可变弯接头、壁钩、套筒磨鞋、领眼磨鞋、扩孔铣锥等，本节主要介绍其结构、工作原理、操作方法、注意事项、维护和保养等内容。

一、AJ形安全接头

AJ形安全接头是一种由两部分组装起来的专用接头，是钻井、修井、试油（气）等钻井施工过程中能安全退出的一种专用工具。它适用于井下故障处理，也适用于钻井、取心和中途测试。将它连接于所用钻柱的需要部位，保护钻柱，不影响钻具正常工作，一旦在井下工具被卡可借助安全接头推出卸开卡点以上的钻柱，再次下钻时还可以对接。

1. 结构

AJ形安全接头结构如图5-20所示，由上部的公接头与下部的母接头和两组O形密封圈组成。

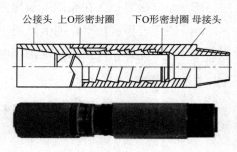

图5-20　AJ型安全接头

2. 工作原理

公母接头上设计有拉紧机构，在圆周上等分为三个凸台，工作面是接触面，施加一定的扭矩后，由于工作面的升角，使公母螺纹接头被拉紧并连接成一个刚性体。下部钻具被卡后，处理不能解卡，施加扭矩钻柱可以退出，再次下钻时还可以对接。

3. 操作方法

1）下井前检查

把安全接头卸开检查，看公母锯齿螺纹及O形密封圈是否完好，并且涂好润滑脂重新上好。注意：短斜面应靠紧，而长斜面应有一定间隙。为了保险起见，可以再试卸一次，卸扣力矩应为上扣力矩的40%~60%。

2）安装位置

安全接头应直接接在打捞工具上面，这样在落鱼被卡需要退出安全接头时，留在井下的工具最少。在井下情况允许时，在安全接头上再接一个下击器，便于解脱安全接头。

3）井下退出安全接头

（1）给安全接头施加一反扭矩（约1~2圈/1000.00m），然后用下击器下击或用原钻具下顿，使安全接头解除自锁。

（2）上提钻具，使安全接头处保持5~10kN压力。注意：上提拉力不能超过钻具原悬重，否则，安全接头又被自锁。

（3）反转退扣，由于安全接头是宽锯齿螺纹，螺距大，退扣时钻具的上升速度是普通钻具螺纹的6~8倍，可以很容易地判断是否已经松开。反转时悬重下降，应及时上提，一直保持5~10kN的压力，直至安全接头完全退开为止。

（4）井下对扣：公接头下到公、母螺纹对接面处，加压3~6kN，缓慢转动钻具上扣，并适当下放，保持钻压，即可将安全接头啮合。

4）维护和保养

（1）每次使用安全接头后，必须拆卸检查、清洗和润滑。

（2）公母接头应进行探伤检查，有损坏的应进行更换。

（3）O形密封圈有效储存期为18个月，建议每次维修时有损坏或老化的应更换。

5）组装

（1）将上、下O形密封圈分别装在公接头的密封槽内。

（2）在公母接头的宽锯齿螺纹面上涂上润滑脂，不得使用铅基或锌基，建议使用锂基、钙基、铝基润滑油脂。

（3）将公接头装入母接头旋紧，然后旋松，检查锯齿螺纹旋紧扭矩是否合适，以旋松扭矩为旋紧扭矩的40%~60%为合格。

安全接头在保养后，接头螺纹涂钙基润滑脂，并戴护丝。总成表面除锈涂漆，标明规格，妥善保管。

4. 技术参数

安全接头技术参数，见表5-15。

表5-15 安全接头技术参数

型号	外径/ mm	连接螺纹	水眼直径/ mm	最大工作拉力/ kN	最大工作扭矩/ kN·m
AJ 86	86	NC26（$2^3/_8$in IF）	44	925	6.34
AJ95	95	$2^7/_8$in REG	32	1370	10.15
AJ105	105	NC31（$2^7/_8$in IF）	54	1340	12.70
AJ105（UP）	105	$2^7/_8$in TBG $2^7/_8$in UPTBG	58 54	1340	12.70
AJ108	108	$3^1/_2$in REG	38	2005	13.7
AJ121	121	NC38（$3^1/_2$in IF）	57 68	1515	17.65
AJ140	140	$4^1/_2$in REG	57	2560	27.35
AJ146	146	NC46（4IF）	83	2255	30.70
AJ152	152	NC46（4IF）	83	2130	34.05
AJ156	156	NC50（$4^1/_2$in IF）	95	3075	35.10
AJ159	159	NC50（$4^1/_2$in IF）	80 95	3110	38.90
AJ171	171	$5^1/_2$in REG	70	3710	54.45
AJ178	178	$5^1/_2$in FH	92 102	3385	57.00
AJ197	197	$6^5/_8$REG	89	3650	82.75
AJ203	203	$6^5/_8$in REG	127	2275	32.00
AJ229	229	$7^5/_8$in REG	101		
AJ254	254	$8^5/_8$in REG	121		
AJ115	115	$3^1/_2$in TBG $3^1/_2$in UPTBG	72	600	
AJ165	165	NC50	83	3360	48.90
AJ105（DP）	105	$2^7/_8$in DP	47	1365	11.90
AJ127	127	4UPTBG	88	658	—

注：若是左旋连接螺纹在型号后加注"—LH"，如AJ—C86—LH。

172

二、H形安全接头

H形安全接头可以装在井下管柱所需部位，能够传递扭矩并能承受压力，一旦需要，可以从该接头处卸开，提出上部钻具，也容易重新对扣，继续井下作业。

1. 结构

H形安全接头由上接头、下接头组成，两接头用销子连接成整体，上下接头间用O形橡胶密封圈密封，如图5-21所示。

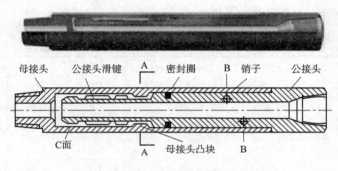

图5-21　H形安全接头

2. 工作原理

公接头设计有横、竖有序的凸块和滑槽，母接头内孔中有滑块。装配后母接头的滑块在公接头的滑槽里。作业中，上提剪断销子后公接头的滑槽沿母接头的滑块上、下、左、右运动完成该安全接头的退、对动作。

3. 操作方法

退安全接头具体操作有下放法和上提法两种。

下放法：首先上提钻具，剪断安全销子，然后反转（1~3圈/1000.00m）蹩住，将钻具慢慢下放至遇阻，再上提即退开安全接头。

上提法：将上提钻具，剪断销子，下放钻具至原悬重使安全接头复位，反转（1~3圈/1000.00m）蹩住，慢慢上提即退开安全接头。

注意：上提法是反转蹩住上提。对于一般井口容易提飞方补心很危险。故此法只适用于井口滚子方补心的情况。一般的井口采用下放法比较安全。

对H形安全接头的方法是下放钻具到H形安全接头对扣位置，待公接头进入母接头遇阻后正转半圈，再下放便对好H形安全接头。

4. 维护和保养

（1）从钻具上卸下安全接头并取出销子断头。

（2）卸开公、母接头并冲洗干净。

（3）检查公、母接头滑块有无拉毛和损伤，若有要进行修平整。

（4）检查O形橡胶密封圈是否老化和有无损伤，若老化或损伤，则更换新圈。

（5）公母接头按钻具探伤要求进行探伤。

（6）公母接头的滑块、滑槽及两端连接螺纹涂抹防锈、防腐润滑脂，然后装好放在通风干燥处存放，以备下次再用。

（7）存放超过18个月，下井前必须重新换O形密封圈和重新涂抹润滑脂。

5. 技术参数

H形安全接头技术参数，见表5-16。

表5-16　H形安全接头技术参数

型号	外径/mm	内径/mm	接头螺纹API	最大工作扭矩/kN·m	最大工作拉力/MN	剪销剪断力/kN		
						铝销	铜销	钢销
HAJ121	121	54	NC38	12	1.0	56	85	113
HAJ159	159	57	NC50	16	1.5	88	132	176
HAJ165	165	57	NC50	18	1.5			
HAJ178	178	80	$5\frac{1}{2}$in FH	22	2.0	127	137	225
HAJ203	203	71	$6\frac{5}{8}$in REG	22	2.5			

三、正反接头

正反接头是处理钻井复杂故障常用的一种井下辅助打捞工具，打捞作业时可以代替安全接头使用。

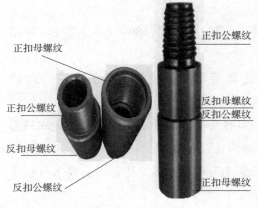

图5-22　正反接头

1. 结构

结构如图5-22所示，由上接头、下接头、连接螺纹、接头水眼等组成。

2. 工作原理

由两只公母接头组合而成，根据打捞钻具组合、钻具扣型来选择正反接头的组合形式。当钻具组合是正扣时，则正反接头的上下扣为正扣，两接头为反扣连接。否则，两接头为正扣连接，上下接头为反扣，用于打捞反扣落鱼。

3. 操作方法

（1）根据井下落鱼的扣型和尺寸，选择合适的正反接头。

（2）检查螺纹的磨损及接头扣型。

（3）组合正反接头，紧扣扭矩略大于正常钻具组合扭矩。

（4）将正反接头连接在打捞工具上面。

（5）按照使用打捞工具类型进行操作。

（6）打捞过程如出现钻具卡死，退出打捞管柱时，增大扭矩将正反接头之间的螺纹扭开即可。

4. 注意事项

（1）打捞前进行通井循环，确保井眼畅通。

（2）由于正反接头之间连接螺杆和使用的打捞组合扣型相反，下钻遇阻不可强扭。

5. 维护和保养

使用后要将两接头之间的螺纹卸开，检查螺纹是否损毁，并涂好密封脂。

四、铅模

当井下落物情况不明或鱼头变形情况不明，无法确定下何种打捞工具时，此时需用铅模来探测落鱼形状、尺寸和位置。有时套管断裂位置、错位或挤扁程度，也需用铅模来加以证实。

1. 结构

铅模是由接头体和铅模两部分组成，接头体上部有螺纹，用以连接管柱，接头体下部在浇铸铅模的部位车有多个环形槽，以便固定铅模。铅模中心有孔，可以循环钻井液。平底铅模，用于探测平面形状。锥形铅模，用于探测径向变形，如图5-23所示。

2. 操作方法

（1）根据套管内径和井眼尺寸选择相应规格的铅印。一般情况下，铅印直径小于井眼直径10%。

（2）下钻前将印底（锥形铅印的圆周）整理平整，残余印迹应做好记录。

（3）井眼必须畅通无阻，严格控制下放速度，遇阻不得硬压。

（4）打印位置必须准确。平底铅印打印前应先循环钻井液，待鱼顶冲洗干净后再打印。

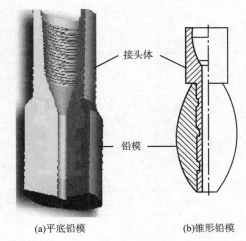

(a)平底铅模　　　　　(b)锥形铅模

图5-23　铅模

（5）打印压力应根据鱼顶情况确定。如果鱼顶断面为尖茬，打印压力应小一些（5~15kN）。加压过大容易将铅印损坏。如果估计鱼顶较为平整，可以适应增加打印压力。例如，使用Φ255mm铅印打印Φ127mm钻杆接头时，打印压力一般为50~80kN。

（6）使用锥形铅印打印套管磨损部位时，打印深度必须准确，并且不得硬压，否则将会挤掉铅模。

（7）井口卸铅印时，注意保护好印迹，防止地面印迹与打印印迹的混淆。

3. 注意事项

（1）铅模在搬运过程中必须轻拿轻放，严禁碰撞。放置时应用软材料垫平。

（2）打印加压时只能加压1次，不得二次打印，以免印痕重复，难于分析。

（3）为防止水眼堵塞，下钻时每下放300.00~400.00m循环1次。

4. 规格参数

铅模规格参数，见表5-17。

表5-17 铅模规格参数

型号	外径/mm	水眼/mm	总长/mm	接头螺纹API
QM78	78	20	200	$2^{3}/_{8}$in UPTBG
QM95	95	35	450	NC26
QM97	97	20	200	$2^{7}/_{8}$in UPTBG
QM116	116	20	200	$2^{7}/_{8}$in UPTBG
QM127	127	35	450	NC38
QM150	150	35	450	NC38
QM160	160	35	450	NC38
QM195	195	35	450	NC50
QM197	197	35	480	NC46
QM200	200	35	450	NC50
QM203	203	35	480	NC50
QM210	210	35	480	NC50
QM225	225	35	450	NC50
QM270	270	35	450	$6^{5}/_{8}$in REG
QM299	299	35	480	$6^{5}/_{8}$in REG
QM305	305	35	450	$6^{5}/_{8}$in REG
QM340	340	35	450	$6^{5}/_{8}$in REG
QM406	406	35	450	$7^{5}/_{8}$in REG

五、可变弯接头

可弯肘节是与打捞筒配合使用的专用工具，它除了能抓住倾斜度很大的落鱼外，还能寻找掉入"大肚子"里或上部有棚盖等堵塞物的落鱼。可弯肘节可承受拉、压、扭、冲击等负荷。

1. 结构

KJ形可弯肘节主要由上接头、筒体、限流塞、活塞、活塞凸轮、凸轮座、接箍、方圆销、定向短节、球座、调整垫、下接头及密封装置等组成。如图5-24所示。

2. 工作原理

图5-24（b）是一个未起偏斜作用的直接头，可以正常循环钻井液，图5-24（a）是已起偏斜作用的弯接头。由于限流塞内孔很小，座入活塞内孔后，改变了原来的流道面积，循环钻井液时，在活塞面上便产生一个压力差，这个压力差推动活塞下行，活塞下端与控制凸轮上端接触时，推动凸轮下行并围绕定位轴旋转一个角度，使凸轮下曲面摆向轴心，凸轮下曲面又推动球杆的上曲面向右偏移，使球杆围绕转向销子旋转一个角度，球杆下部向左摆，便形成一个偏斜弯接头。如果不停的循环钻井液，活塞上一直保持这个压力，则活塞施加于球杆的摆动力永远存在，球杆就不会回位。同时转向销子又把球座与球杆销在一起，可以传递扭矩，所以转动钻具时，打捞工具可以指向不同的方向去寻找落鱼。

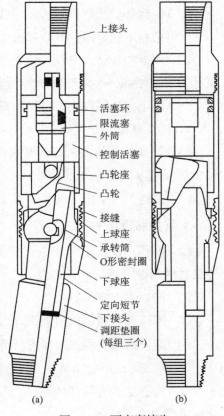

上接头

活塞环
限流塞
外筒
控制活塞

凸轮座
凸轮

接缝
上球座
承转筒
O形密封圈
下球座

定向短节
下接头
调距垫圈
（每组三个）

(a)   (b)

图5-24 可变弯接头

3. 操作方法

1）钻具组合

壁钩+卡瓦打捞筒+可变弯接头+钻杆。

若井下情况不明时：壁钩+卡瓦打捞筒+安全接头+可变弯接头+下击器+上击器+1柱钻铤+钻杆。

如果井眼直径很大，可变弯接头下端打捞工具的回转半径较小时，可在打捞工具和可变弯接头之间接短钻杆，以加大壁钩的回转半径。也可在可变弯接头上部接2~3根钻铤以增加其刚性，有利于找鱼顶。

若估计落鱼可能被卡时，应在可弯肘节与钻具之间接上击器、下击器等工具。必要时也可以方便地退出打捞筒。需注意不能将安全接头接在可变弯接头之上。

2）井口试验

根据钻具内径选用合适的限流塞、活塞和打捞器。将活塞装进可弯肘节，放入限流塞，接方钻杆开泵试验，检查是否弯曲。同时记录试验排量和泵压，以供井下操作时参考。

3）操作步骤

（1）根据井径及落鱼的情况，选用合适的可变弯接头。

（2）钻具下到鱼顶，开泵冲洗鱼顶沉砂，试探鱼顶。

（3）停泵，往钻具内投入预先选好的限流塞，开泵送塞入座（注意：限流塞入座以后泵压会突然增高，在限流塞即将到位前应减小排量）。

（4）以小排量循环憋压打捞，只要保证可变弯接头有8~10MPa的压降，即可弯曲。

4）注意事项

（1）下部壁钩钩尖调整到与可变弯接头弯曲方向相同。改变可变弯接头下接头内的调整垫圈的厚度即可调整下部工具的方向。

（2）打捞工具上部必须接一根加重钻杆，否则，只靠自身质量不易捞住。

4. 维护和保养

（1）使用后的可变弯接头，应及时清洗，特别注意清洗限流塞；然后拆卸保养，以免钻井液锈蚀工具。

（2）卸掉上下接头。

（3）卸下球座和定向短节，并清洗球面。

（4）起出活塞和限流塞并进行清洗，对损坏的橡胶件必须更换。

（5）起出（或不起出清洗）凸轮和凸轮座并洗干净。

（6）检查是否有损坏的零件，有损坏的零件必须更换；并按以上卸下顺序相向操作，装好可弯肘节，待用。

（7）再装配时首先检查凸轮、定向短节铰接部位的转动灵活性，应无卡滞现象。

（8）装配时凸轮面涂防蚀脂，螺纹部位涂钻具螺纹脂。

（9）紧扣后，装入限流塞试验压力15MPa，保压5min，工具压力降不得超过0.75MPa，合格后备用。

5. 性能参数

可变弯接头性能参数，见表5-18。

表5-18　可变弯接头性能参数

| 型号 | 外径/ mm | 接头螺纹API | | 水眼直径 mm | 弯曲角度/ (°) | 最大抗拉载荷/ kN | 最大工作扭矩/ kN·m |
		上接头	下接头				
KJ102	102	NC31	NC31	25	7	1198	10.4
KJ108	108	NC31	NC31	35	7	1350	13.2
KJ120	120	NC31	NC31	45	7	1690	18.3
KJ146	146	NC38	NC38	60	7	2390	28.9
KJ165	165	NC50	NC50	70	7	2910	37.3
KJ184	184	$5^1/_2$in FH	NC50	75	7	3450	45.6
KJ190	190	$5^1/_2$in FH	NC50	80	7	3600	47.3
KJ200	200	$5^1/_2$in FH	NC50	85	7	2580	51.3
KJ210	210	$5^1/_2$in FH	NC50	90	7	4140	55.0
KJ222	222	$5^1/_2$in FH	$6^5/_8$in REG	100	7	4480	60.6
KJ244	244	$6^5/_8$in REG	$7^5/_8$in REG	110	7	5080	70.6

六、壁钩

壁钩无一定规范，根据需要而做，大致说来有两种：一种是配合打捞工具使用的，其长度较短；一种是专门用来拨动鱼头的，其长度在3.00~7.00m之间。

1. 结构

壁钩结构如图5-25所示，它是由高强度厚壁管或钻铤切割、锻制而成，上部为母接头，和钻柱连接，下部为螺旋形钩头，其内径要比落鱼外径大一些。但是绝不允许用钻杆或套管来锻制壁钩，因为在壁钩使用上是不允许出现任何问题的。

2. 操作方法

（1）下钻时钻柱螺纹必须上紧，下入深度视壁钩长度而定。

（2）若带有打捞工具，不能使打捞工具下端超过鱼头，转动钻具，观察转动情况。若没有憋劲，说明钩头未碰到鱼身，若有憋劲，则说明钩头已钩到鱼身，应在保持憋劲的情况下锁住转盘，下放打捞工具对鱼。憋劲以（1~2）圈/1000.00m钻具旋转为宜。

（3）若下入的是长壁钩，未带打捞工具，则下入深度可以超过鱼顶多一点，但不能超过鱼顶下部的第一个钻杆接头，在转动钻具有憋劲时，可以在保持憋劲的情况下上提钻柱，憋劲消失时的那个井深，就是鱼顶所在位置，可再下放壁钩，重复上述动作。若上提时发现憋劲减小，可再转1~2圈，此时最好不要脱离鱼顶，在鱼顶以下上下活动，若发现憋劲的方向有变化，

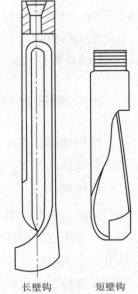

长壁钩　　　短壁钩
图5-25　壁钩

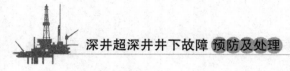

表明鱼头可能已被拨动，即可起钻打捞。

七、套筒磨鞋

若落鱼的鱼头不规则，如变形、破裂、弯曲、或鱼顶不齐，妨碍打捞工具进入或无法造扣，需要修整鱼顶，使其符合打捞工具的打捞要求，禁止用平底磨鞋或凹底磨鞋去修整鱼顶。

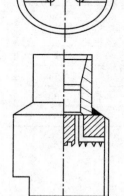

1. 结构

常用的修整鱼顶的工具是套筒磨鞋，也叫外引磨鞋，因为它面积大，容易套住鱼头，可以防止鱼顶偏磨。若鱼顶在套管内，可以起到保护套管的作用，结构如图5-26所示。

2. 操作方法

（1）根据井径及鱼顶外径选择合适的套筒磨鞋，套筒外径应小于井径6%以上，套筒内径应大于鱼头外径10mm以上。

（2）转动时不能有蹩劲，因为鱼头进入套筒后，一般不会发生蹩钻，如有蹩钻现象发生，则可能是套筒骑在鱼头上，很易使套筒变形，以后再很难套入。

图5-26 套筒磨鞋

（3）套铣时加压不可过多，每英寸直径保持2~5kN即可，因加压过多在鱼顶部位产生弯曲，磨鞋与鱼顶不可能平面接触，而鱼头又极易触及套筒，把套筒磨穿。另外也容易形成向落鱼内径方向突入的毛刺。

（4）磨铣到预定深度后，减压至1~5kN，再研磨0.5~1h，消除可能产生的毛刺。

八、领眼磨鞋

领眼磨鞋：也叫内引磨鞋，如鱼顶胀裂，或环形空间太小，下入套筒磨鞋不便时，可以下入领眼磨鞋修整鱼顶。

1. 结构

领眼磨鞋是由平底磨鞋和导向杆组成，导向杆的直径应根据鱼头内径来决定，顶部做成锥形或笔尖状，使它容易进入鱼头，导向杆可以是实心钢杆也可以是空心钢杆，实心钢杆的优点是耐磨，不容易发生掉落导向杆的事故，空心钢杆的优点是可以通过导向杆循环钻井液，落鱼水眼内不可能掉入铁屑。结构如图5-27所示。

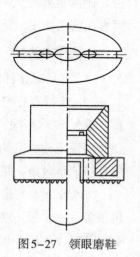

图5-27 领眼磨鞋

2. 操作方法

（1）根据井眼直径和落鱼水眼尺寸选择领眼磨鞋的型号。

（2）用空心杆做导向杆，其壁厚不能小于10mm，磨鞋直径不能太大，因磨鞋直径越大，导向杆越不容易进入鱼头水眼。

（3）磨铣时有憋钻现象，可能是导向杆未插入鱼顶水眼，不可盲目磨进，应提起磨鞋，重新对中鱼顶。

（4）磨铣时加压不可过多，每英寸直径保持2~5kN即可。

（5）容易产生外伸的毛刺，若准备从外径打捞的话，应在起钻前减压研磨0.5~1h，以消除可能产生的毛刺。

九、扩孔铣锥

当打捞落鱼时，从外径打捞，环形间隙太小、母锥、打捞筒等无法下入；从内径打捞，内径偏小，将落鱼水眼扩大，以便下入强度较大的打捞工具，进行打捞。

1. 结构

扩孔铣锥如图5-28所示，由三部分组成，上部为连接螺纹，可以和钻柱连接；中部为铣锥，其外径根据需要设计，由碳化钨块镶嵌于钢体制成，其长度应不小于打捞工具的需要量；下部为导向杆，其外径应小于落鱼内径10~15mm，中心有循环孔，用以循环钻井液，整个工具要有较好的同心度和垂直度。

2. 操作方法

（1）根据井眼直径和落鱼水眼尺寸选择扩孔铣锥的型号。

（2）使用扩孔铣锥的特定环境是两小，即落鱼水眼小，环形空间小，在扩孔时必须轻压（10~20kN）慢转（40~60r/min），不停地循环钻井液，保护铣锥不受意外的伤害。

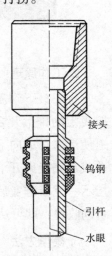

图5-28　扩孔铣锥

（3）进尺必须测量准确，要在相同工况下进行测量，当导向杆进入水眼后，加压10kN，量一个方入，磨铣完毕，稍稍提起铣锥至恢复原钻具悬重，然后下放加压10kN，再量一个方入，两个方入之差即为实际进尺。不过，要注意，因受气温的影响，指重表的悬质量是会变化的，所以每磨铣1h，应提起钻柱，校正指重表1次，加压值才能准确。

（4）起出铣锥后，丈量铣锥外径。而实际扩孔内径应比铣锥外径大1~1.5mm左右，以此作为选择打捞工具的。

第五节　爆炸松口与切割工具

切割工具主要有内、外割刀，切割弹等。当井内管柱无法采用倒扣的方式松开时，

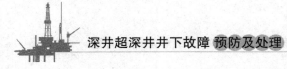

可采用切割工具把上部自由段管柱切开取出。

一、水力式内割刀

水力式内割刀是利用液压推动的力从管子内部由内向外切割管体的工具。

1. 结构

结构如图5-29所示。

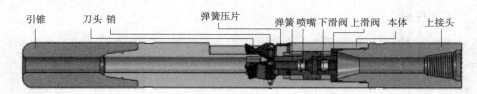

引锥　刀头 销　　　　　　弹簧压片　　　弹簧 喷嘴 下滑阀 上滑阀　本体　　上接头

图5-29　水力式内割刀

2. 工作原理

将工具下到需要切割的位置，在停泵的条件下，按规定的转速旋转钻具，数分钟后按规定的排量开泵循环钻井液。由于调压总成的限流作用，使活塞总成两端压差增大，迫使活塞总成向下移动，并推动切割刀片向外张开切割管壁。当管壁完全切开时，活塞总成也完全离开了调压总成的限流塞，这时循环压力会有明显的下降，这是管壁切断的指示。完成作业后，停止循环钻井液，活塞总成在弹簧力的作用下向上移动，同时刀片自动收拢，即可从井眼内起出工具。

3. 操作方法

（1）切割作业应避开接头、接箍及有扶正器的井段。

（2）在下水力式内割刀入井之前，应用标准的通径规通井1次，通径规外径不得小于工具限位扶正套外径。在通径规上接一柱钻铤，在通井过程如有轻微遇阻，可转动钻具划过，直至无阻卡现象为止。通井至设计位置，大排量循环洗井，将井内杂物冲洗干净，并调整好钻井液性能。

（3）工具下井前应在井口做试验，检验工具的可靠性及刀片张开前后的泵压变化值，并做好记录，为判断井下情况提供参考。试验方法如下：首先用Φ2mm铁丝（单股）将刀片捆紧，然后将工具与方钻杆连接，放到井口，开泵试验，排量应根据工具型号选用，此时捆刀片的铁丝应被打开，刀片应顺利张开至最大位置，要记录刀片打开前后的泵压变化值，然后停泵，停泵后，刀片应能顺利收拢，达不到上述要求，工具不能下井。

（4）试验好后，再用Φ2mm铁丝将刀片捆好，以防在下钻过程中将刀片的刀尖碰坏，造成切割作业的失败。

（5）推荐钻具组合：水力割刀＋螺旋扶正器＋2柱～3柱钻铤（增强工具工作的稳定性）＋钻杆。

（6）下钻过程中，操作要平稳，并控制下放速度，以防损坏刀片。

（7）将工具下至预定位置，先启动转盘旋转正常后，记下空转扭矩，方能开泵，当钻井液流经喷嘴时，在喷嘴处产生压降，对活塞产生推力，活塞下行，推动刀片伸向管壁，就可以切割管体。在切割中不要再调整泵压，以防切割不稳，损坏刀片，转速以40～50r/min为宜。

（8）当管壁被完全切断，压力下降2MPa左右，停泵，稍微上提一点钻具，再继续旋转3～5min，这样有助于刀片收拢，然后起钻。

4. 注意事项

（1）下井前应核对被切割的管柱内径尺寸是否和割刀相适应。

（2）刀片是否处于缩回状态。

（3）下放割刀时严禁开泵大排量循环。如下放遇阻，应上提钻柱检查原因。

（4）切割应缓慢正转，操作要平稳。

（5）深井或弯曲井眼内打捞时，可在割刀之上装一只稳定器。

5. 技术参数

水力式内割刀技术参数，见表5-19。

表5-19　水力式内割刀技术参数

型号	接头螺纹	本体外径/mm	刀片收缩外径/mm	刀片张开外径/mm	工具总长/mm	扶正套与扶正块外径/mm	可切割管径/mm 外径	可切割管径/mm 壁厚
TGX—9	NC50	210	210	310	1512	222	244.47	8.94
						220		10.03
						218		10.05
						216		11.99
GX—7	NC38	146	146	210	1313	158	177.8	8.05
						156		9.19
						154		10.36
						151		11.51
						149		12.65
						147		13.72
TGX—5	NC31	114	114	170	1287	121	139.7	7.72
						118		9.17
						115		10.54

二、水力式外割刀

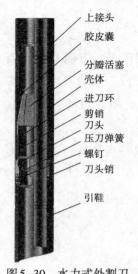

图5-30　水力式外割刀

上接头
胶皮囊
分瓣活塞
壳体
进刀环
剪销
刀头
压刀弹簧
螺钉
刀头销
引鞋

水力式外割刀是一种靠液压力推动刀头的切割工具，它专门用来从外向内切割管体，是一种高效可靠的切割工具。

1. 结构

如图5-30所示，水力式外割刀由上接头、壳体、引鞋、胶皮囊、分瓣活塞、进刀环、剪销、刀头、压刀弹簧、螺钉、刀头销等组成。

2. 工作原理

开泵时，活塞上部由于限流孔的作用产生一个压力降，此压力推动活塞和进刀套下行。当活塞上的水压力达到剪销的剪切力时，销钉被剪断，进刀套则推动刀片向内伸出，指向落鱼。调节水压力的大小就改变了切割时刀片的给进压力。

剪断销钉方法二：上提钻柱，使组合活塞顶住落鱼接头，上提大约450N拉力，即可把销钉剪断，然后下放到预定位置，开泵，旋转切割。

3. 操作方法

1）切割前的准备

（1）切割前，首先要套铣被卡落鱼，套铣长度要比准备切割长度长一个单根，以便切割时切点处落鱼容易找中。

（2）根据要落鱼规格，选择相应的外割刀和分瓣活塞。装配好后把外割刀接在套铣筒的下端。套铣筒下端的铣鞋外径要略大于割刀的外径，以保证割刀与井眼有一定的间隙，使其能顺利套入落鱼。

2）切割

（1）当割刀下放到预定切割位置时，开泵循环，调整钻井液性能，冲洗钻杆上的滤饼。继续慢慢下放，同时循环，直到预定切割位置。

（2）继续循环，空转割刀，记下空转扭矩。加大泵的排量，提高泵压直至剪断剪销。（或上提钻具到13kN剪断剪销）然后再调整割刀到切点位置。

（3）用小排量循环，以40~50r/min的转速正转割刀，以水力自动进刀切割，直到割刀落鱼。

（4）判断落鱼已被割断，即可起出割刀和落鱼。

3）是否割断的判断方法

（1）切断时指重表明显跳动，悬重增加，扭矩减小。

（2）将钻杆慢慢上提30~50mm，指重表悬重增加，其增加量为被割断部分落鱼的质量。

（3）旋转钻柱，转动自如。当割断短落鱼时，则转速增加；割断长落鱼时，则悬重增加。

（4）继续上提，悬重不再增加，证明已经割断。

4. 注意事项

水力式外割刀是不可退式切割工具，因此，操作时要小心谨慎，力求一次切割成功，但是切割位置不受限制，可以在避开接头或接箍的任何光滑位置进行切割。

5. 技术参数

水力式外割刀技术参数，见表5-20。

表5-20　水力式外割刀技术参数

外径/mm	103.2	112.7	119.1	142.9	154	210
内径/mm	81	92.1	98.4	109.5	124	172
刀尖收拢最小直径/mm	25	40	40	45	50	65
割刀活塞允许通过的最大尺寸/mm	77.8	86	95	110	124	165
切割范围/mm	33.4~69.5	48.3~73	48.3~73	52.4~101	60.3~101.2	88.9~127
适用井眼/mm	109.5	119.1	125.4	149.2	159	215.9

三、切割弹

爆炸切割具有污染小、使用方便、作用可靠等特点，近年来国内在处理卡钻、卡套管等井下故障中得到应用，取得了一定的效果。

1. 结构

爆炸切割工具的连接方法如图5-31所示，由电缆头、磁定位器、加重杆、安全接头、上转换接头、点火短节、延伸杆、导爆短节、爆炸短节、切割弹组成。

2. 工作原理

切割弹是由经改性后的塑性炸药制成抛物面环状体，与所要求切割的管子形状和尺寸相适应。在测卡车上点火以后，电流经电缆引爆点火雷管，继而引爆切割弹，产生高速（7620.00m/s）、高压（3.5~29.6MPa）的金属环状射流径向

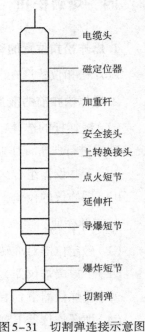

图5-31　切割弹连接示意图

电缆头
磁定位器
加重杆
安全接头
上转换接头
点火短节
延伸杆
导爆短节
爆炸短节
切割弹

喷出，喷射到待切的管柱上，金属液流的冲击远远超过了待切管柱的极限强度，将管柱切断。

3. 操作方法

（1）通井用重锤通井至预计切割深度以下15.00~20.00m。

（2）将电缆头、磁性定位器、加重杆、安全接头、上转换接头、点火短节、延伸杆等依次接好。用专用检测灯检测引爆电路，灯亮证明电路畅通，方能连接切割工具。

（3）关掉井场所有动力设备、无线电通信设备，切断电源。

（4）将连接好的工具下过井口后，接通仪器电源，工具下放速度不超过1500.00m/h。

（5）当工具下到预定切割深度时，上提钻具超过原悬重30%，并固定牢。

（6）利用磁性定位器使切割头避开管柱接头或接箍，点火切割。同时注意观察电缆和管柱是否跳动，并做好记录。

（7）上提钻具，判断管柱是否被割断。

（8）起电缆，切割工具起出井口前切断电流。

4. 注意事项

（1）如出现哑炮，要由专人负责处理。

（2）雷管与切割弹必须分开保管、分开运输，现场组装。

四、爆破松扣

1. 爆炸松扣位置的确定

爆炸松扣位置选在卡点以上自由管柱上。

2. 爆炸松扣前的准备工作

（1）爆炸杆的选择：①一般情况下，爆炸杆选择长1.70m，直径11mm；②对井下情况特殊或进行非常规作业应视具体情况而定。

（2）下井仪器组合。

（3）爆炸仪的校验：爆炸仪的校验方法应按各厂家所提供的爆炸操作规程进行操作。

3. 下井作业

（1）磁定位器对准转盘平面，深度表调"0"。

（2）下放爆炸仪器，安装井口防喷盒。

（3）爆炸仪器下到100.00m后，接通电源。

（4）把爆炸仪器下到预定爆炸松扣位置。

（5）上提管柱，使悬重等于松扣位置钻柱中和点的吨位。

（6）按照钻具所承受的圈数给管柱施加反扭矩。

（7）缓慢提爆炸仪器，当爆炸杆中点对准管柱接箍时接头，立即点火。

（8）上提管柱，记录悬重。

4. 爆炸松扣注意事项

（1）雷管与导爆索分车装运。

（2）雷雨天、夜间禁止进行爆炸松扣作业。

（3）断开所有电瓶火线、地线后，仪器车外壳对大地静电压小于6V。

（4）禁止用万用表、兆欧表测量雷管电阻。

（5）爆炸安全接头内二极管正向电阻小于15kΩ时禁止使用。

（6）电缆外皮与缆芯之间的绝缘应大于50MΩ。

（7）爆炸松扣时接地线。

（8）下放爆炸松扣仪器速度不得大于3000.00m/h。

（9）爆炸物品运输应装入保险箱，由专人保管。保险箱应符合GB 2702的规定。

（10）爆炸松扣作业人员应戴防静电服装，并经过专业安全技术培训，持特种作业操作证上岗，对危险品有使用与监督的责任。

（11）导爆索、电雷管必须使用专用防静电钳子及工具。

（12）在包装雷管与导爆索时，必须关掉无线电通信工具。

第六节　套铣倒扣工具

发生卡钻后，如果通过浸泡解卡、震击等办法都无法解卡，一般情况就要进行套铣。常用的套铣工具主要有铣鞋、套铣管、防掉接头、套铣倒扣器、防掉套铣工具等。

一、铣鞋

铣鞋是套铣过程中的常用工具，接在钻具最下端，用于清除管柱与井眼或套管间环空中的水泥、掉块或沉砂等，解除管柱阻卡，恢复正常施工。

1. 结构

铣鞋与取心钻头相似，呈环形结构，上有螺纹和铣管连接，下有铣齿用来破碎地层或清除环空堵塞物，它的结构有多种样式，可根据套铣对象来决定。

铣鞋有平底铣鞋、锯齿铣鞋等多种结构，如图5-32、图5-33所示。

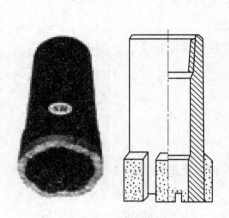

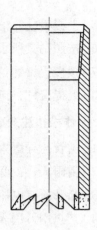

图5-32 平底铣鞋　　　　　　　　　图5-33 锯齿铣鞋底铣鞋

硬质合金复合材料不同堆焊部位铣鞋的用途见表5-21。

表5-21 不同硬质合金堆焊部位铣鞋的用途

硬质合金堆焊部位代号	鞋底几何形状		用途
A	平底型	内部和底部	用于套铣落鱼金属，而不磨铣套管
B		外部和底部	用于套铣落鱼和裸眼井中磨铣金属、岩屑及堵塞物
C		外、内部和底部	用于套铣、切削金属、岩屑及堵塞物和水泥
D		底部	仅用于套铣岩屑堵塞物
E		底部和内部锥度	用于修理套管内鱼顶
F	锯齿型	底部	用于修理套管内鱼顶
G		外部和底部	仅用于套铣岩屑和堵塞物，允许用大排量

2. 操作方法

（1）套铣钻屑堵物或软地层，采用切削型铣鞋，可提高套铣效率。

（2）修理落鱼外径和磨铣井下落物，采用磨铣型磨鞋。

（3）套铣时，应以较小的钻压和较低的转速套进。待削平套铣面后，铣鞋底面受力均匀时，再加大钻压套铣，套铣最大钻压可根据套铣尺寸而定。

（4）套铣时，需要保持适当的排量，排量等于或小于钻井排量，以便冷却铣鞋和携带铣屑。

（5）套铣下钻遇阻不得硬压，可适当划眼。若划眼困难，要起钻通井。

（6）套铣过程中发现泵压升高憋泵，无进尺或泵压下降等情况，应立刻上提钻具，分析原因，待找出原因，泵压恢复正常后在进行套铣。

3. 技术参数

铣鞋技术参数见表5-22。

表5-22 铣鞋技术参数

铣鞋规格	外径/mm	内径/mm	长度/mm	适用最小井眼/mm	最大套铣钻具/mm
117	117.65	99.57		120.65	88.90
136	136.05	108.61		146.05	101.60
145	145.58	124.26		155.58	120.65
		121.36		155.58	117.48
		118.62		155.58	114.30
177	177.33	150.39		187.33	142.88
190	190.03	159.41		200.03	152.40
202	202.73	174.63		212.73	168.28
		171.83		212.73	165.10
		168.28		212.73	161.93
205	205.98	184.15		215.90	177.80
209	209.08	187.58		219.09	180.98
234	234.48	198.76	500~1000	244.48	190.50
		193.68		244.48	187.33
240	240.83	207.01		250.83	200.03
256	256.70	224.41		266.70	215.90
		220.50		266.70	212.73
288	288.45	252.73		298.45	244.48
		247.90		298.45	238.13
313	33.85	276.35		323.85	266.70
		273.61		323.85	263.53
355	355.13	317.88		365.13	307.98
434	434.50	381.25		444.50	368.30
498	498.00	448.44		508.00	438.15
574	574.20	485.65		584.20	497.43

二、套铣管

套铣管是套铣工艺中，用于套铣被卡钻具以解除井下卡钻故障的一种专用工具，在套铣过程中，经铣鞋套铣后，环空异物被清除，井内落鱼直接进入套铣管内，使得铣鞋可以继续向下磨铣环空异物。

1. 结构

套铣管一般采用高强度的合金钢管制成，套铣管分为有接箍和无接箍两种，有接箍套铣管又可分为内接箍套铣管和外接箍套铣管，无接箍套铣管又可分为单级扣与双级扣两种。结构如图5-34和图5-35所示。

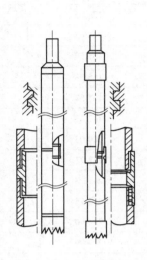

图5-34　有接箍套铣管

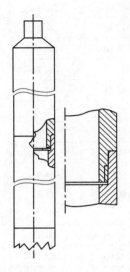

图5-35　无接箍套铣管

2. 工作原理

套铣管下端与套铣鞋配合，通过钻具对套铣鞋的加压、旋转套铣钻具周围的岩屑或修理落鱼外径，磨屑随着钻井液带到地面。

3. 相关配套工具

1）套铣管接头

套铣管接头是接在套铣管上端连接钻柱与套铣管的过渡接头，因此它上部为钻具内螺纹，下部为相应套铣管的螺纹。由于套铣管有左右旋螺纹之分，因此，套铣管接头也有左右旋之分。

2）连接接箍

连接接箍一般为双外螺纹或双内螺纹，是连接两壁厚较薄的套铣管的配合接箍。壁厚较薄的套铣管由于连接强度的限制，不能直接在两端分别车制内外螺纹时，需加连接接箍将套铣管连接起来。

3）套铣管提升帽

套铣管提升帽一是将套铣管提到钻台上，二是用吊卡提升套铣管，它是由本体和提环组成的。本体上车有相应的套铣管外螺纹，其外径要比相应尺寸的套铣管大30mm左右，其目的就是挂吊卡用。

4. 操作方法

1）套铣准备

（1）套铣管选用。

①选用套铣管时，井眼与套铣管间隙为12.7~35mm，若井眼足够大，可适当加大间隙。套铣管与落鱼间隙不少于3.2mm。可根据表5-22选用铣管。

②套铣管长度的确定要根据井身质量、铣鞋质量、地层可钻性及井壁稳定性而定。若地层松软、井身质量好，套铣管可以加长，一次可下入300.00m左右；若地层硬、井下情况复杂或套铣速度慢，第一次宜用一根套铣管试套，套完起出后再酌情增加40.00~70.00m套铣管；若鱼头处于弯曲井眼井段，长套铣管无法套入可采用短套铣管试套等措施。

（2）铣鞋的选择。

①套铣岩屑堵塞物或软地层时，宜选择带铣齿的铣鞋，在铣齿工作面上铺焊硬质合金。地层越软，铣齿越高，齿数越少。随着地层硬度的增加，则降低齿高，增加齿数。

②修理鱼顶外径时，选用底部铺焊或镶焊硬质合金颗粒或齿、内径镶焊硬质合金齿或条的研磨型铣鞋。

③套铣硬地层或铣切稳定器时，应选用底部镶焊或铺焊硬质合金齿或颗粒、内外镶有保径齿的铣鞋。

（3）工具检查。

①套铣管和铣鞋下井前要测量其外径、内径和长度等，并做好记录。

②入井接头及工具要测量其内径、外径和长度，并做好记录。

③套铣管入井前，保证设备完好，仪表准确灵敏。

（4）井眼准备。

①用与钻进时相同尺寸的钻头及稳定器通井，保证井下不喷不漏，井眼畅通无阻。

②通井前算准鱼顶位置，至鱼顶以上1.00~2.00m时要小心操作，缓慢下放探鱼头，防止碰坏鱼头。

③调整钻井液性能达到套铣作业要求。对于卡钻前发生井漏的井，要准备足够的性能符合要求的备用钻井液，并制定相应的防漏、防塌和防喷措施。

2）下套铣管

（1）初次套铣先用1~3根套铣管试套铣，待摸清井下情况后，再确定下次入井套铣管长度。

（2）套铣管上下钻台应戴好护丝，平稳操作；套铣管上扣前要清洁螺纹，涂好螺纹密封脂。

（3）套铣管连接时必须先用旋绳引扣，再用大钳紧扣，其紧扣扭矩为标准规定屈服值的90%左右，紧扣大钳不得打在套铣管螺纹部位。

（4）下套铣管要控制下钻速度，并有专人观察环空钻井液返出情况，发现异常及时采取相应措施。

（5）套铣管下钻遇阻不得超过50kN，遇阻后不得硬压，不能用套铣管长时间划眼。若短时间循环冲划没能解除遇阻现象，应起钻下钻头重新通井划眼。

（6）当套铣井深超过1200.00m时，下套铣管要分段循环钻井液，不能一次下至鱼顶位置，避免开泵困难、憋漏地层或卡套铣管。

（7）铣鞋下至鱼顶0.50m以上接方钻杆开泵循环钻井液，并校指重表，记录循环排量和泵压。

3）套铣

（1）缓慢下放钻具探鱼，遇阻不超过5kN，轻拨转盘转动，若悬重很快恢复，再次下放钻具和拨动转盘消除遇阻现象，如此反复几次，进尺超过0.50m，证明套鱼获得成功。

（2）探到鱼顶后若套不进鱼顶时，应起钻详细观察铣鞋的磨损情况，并认真进行井下情况分析，采取相应的措施。不能采取硬铣的方法，造成鱼顶或铣鞋损坏。

（3）套铣应以"安全、快速、灵活"为原则，合理选择套铣参数。推荐使用套铣参数见表5-23。

（4）套铣时要求送钻均匀，防蹩钻、憋泵。出现泵压升高或转盘负荷加重等现象时，应立即上提钻具分析原因（是否套铣速度太快，排量过大或过小，钻井液携砂能力不强等），待找出原因，井下情况正常后再进行套铣。

（5）每套铣3.00~5.00m上下活动钻具1次，活动时不得将铣鞋提出鱼顶；每套铣完一个单根循环钻井液，保证接单根顺利。

（6）套铣过程中观察出口返浆、返砂及泵压、悬重情况，发现异常及时采取相应措施。

（7）套铣中途因设备及其他原因无法继续进行套铣作业时，要提前将套铣管起出或起至上层套管内。

（8）连续套铣作业时，每次套铣深度必须超过预倒扣位置1.00~2.00m，便于倒扣后再次套铣时容易引入。

（9）套铣结束，循环带出井内砂子即可进行下道工序，尽可能减少套铣管在井下停留时间。套铣鞋没有离开套铣位置不得停泵和停止活动钻具。

（10）套铣管井下连续作业20~30h，应上下倒换套铣管1次；套铣管井下累计使用150h应进行套铣管螺纹探伤。

（11）下列情况需用钻头通井：

①连续套铣井段达到300.00~400.00m。

②打捞钻具后，井下鱼顶深度超过套铣井深30.00m。

③遇到井壁失稳等井下复杂情况。

4）起套铣管

（1）控制提升钻具速度，平稳操作。

（2）及时向井内灌满钻井液。裸眼井段起钻一柱一灌，套管内起钻三柱一灌。若裸眼井段起套铣管出现长井段拔"活塞"现象，必须在井下钻具活动正常的前提下接方钻杆灌满钻井液。

（3）起套铣管，原则禁止转盘卸扣。

（4）起钻遇卡不得超过正常悬重50kN，若发现遇卡应采取"少提多放，反复活动"或倒划眼方式起出，严防拔死。

（5）在起下套铣管时，必须安装井口刮泥器，严防掉落物。

（6）套铣管起出，必须根根检查发现胀扣、本体挤扁处直径小于套铣管外径3%或刻有硬伤，伤深大于套铣管壁厚10%的套铣管必须更换。

5.技术参数

铣管技术参数见表5–23。推荐使用套铣参数见表5–24。

表5–23 铣管技术参数

外径/mm	壁厚/mm	有接箍			无接箍（单级扣/双级扣）		强度		套铣钻压/kN
		接箍外径/mm	适用最小井眼/mm	最大套铣尺寸/mm	适用最小井眼/mm	最大套铣尺寸/mm	抗拉/kN	抗扭/kN·m	
298.5	11.05	323.85	349	269.8	324	269.8	2756	88	120
273.1	11.43	298.45	323.8	243.8	298	243.8	2534	81	100
244.5	11.05 13.84	269.88	295	216 210	270	216 210	2223	61	80
228.6	10.80			200.6	254	200.6	2000	47	80
219.1	12.7	244.85 （224）	270 （249）	187	244.5	187	2223	57	70
206.4	11.94			176	232	176	2040	47	60
193.7	9.53	215.9 （210）	241.3 （235）	168	219	168	1538	34	50
177.8	9.19	194.46	219	153	203.2	153	1360	24	50
168.3	8.94	187.71	213	144	193.7	144	1245	21.7	40
139.7	7.72	153.67	179	117.8	165	117.8	916	12	35
127	9.19	141.3	166.7	102	152.4	102	1009	12.2	30
114.3	8.56	127	152	89	139.7	89	831	7.5	20
88.9	6.45			70	114.3	70	480	4.0	15
57.2	4.85			41	77.6	41	160	1.0	5

注1：括号内的数字为专用套铣管尺寸。

注2：强度是指P105钢级双级同步螺纹铣管强度。

表5-24　推荐使用套铣参数

套铣管外径/mm	钻压/kN	排量/（L/s）	转速/（r/min）
114.3~139.7	10~40	10~15	40~60
168.28~177.80	20~50	15~25	40~60
193.68~228.60	20~70	20~40	40~60
244.48~508.00	30~80	20~50	40~60

三、防掉接头

防掉接头主要用于对钻头不在井底的卡钻故障进行套铣作业。在作业中，卡点一旦被套铣开，该工具将落鱼牢牢地悬挂在套铣管里，防止落鱼掉入井底，造成钻具故障，落鱼可随套铣管一同起出，套铣打捞一次完成。

1. 结构

图5-19（a）为一种防掉接头，主要由铣鞋、打捞接头等组成；图5-19（b）为另一种防掉接头，由接箍、打捞接头、过渡接头、打捞心轴、止扣环组成。

2. 工作原理

图5-36（a）、图5-36（b）主要部件为铣鞋和打捞接头，两者用右旋梯形螺纹连接在一起，当接头B下至鱼顶并与鱼顶对扣后便和落鱼连接在一起不动了，继续正转钻具，则铣鞋A与接头B脱离，可以向下套铣，当落鱼解卡后，带着接头B下滑。当接头B到达铣鞋A时，便悬挂在此处，随套铣筒一同起出井口。图5-19（b）具有防止背锁效应的功能，可避免在套铣过程中抓住落鱼时发生背锁卡钻。

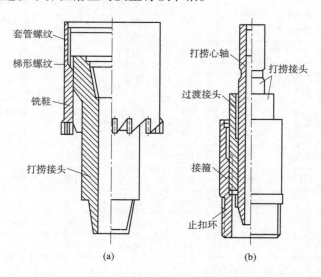

图5-36　套铣防掉接头

四、磨鞋

磨鞋分为：平底、凹底、领眼、梨状磨鞋等。主要介绍平底（凹底）磨鞋用来磨铣井下落物，修理鱼顶的工具。

1. 结构

由磨鞋本体及所堆焊的硬质合金（或硬质合金柱镶嵌）或其他耐磨材料组成。平底、凹底底磨鞋结构分别如图5-37、图5-38所示。

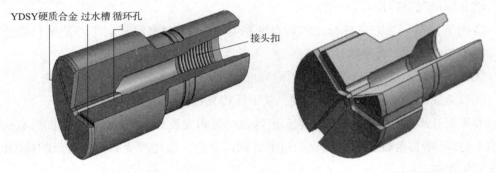

图5-37　平底磨鞋　　　　　　　　　　　图5-38　凹底磨鞋

2. 工作原理

在钻压和扭矩的作用下，吃入并磨碎落井的钻头、牙轮、刮刀片、通径规、卡瓦牙、钻具接头等大块落物，磨屑随循环洗井液带出地面。

3. 操作方法

（1）根据落物形状和井眼尺寸选择相应尺寸的磨鞋，一般磨鞋应比井眼小15~30mm，套管内使用的磨鞋外侧不得有硬质合金。

（2）下井前检查钻杆螺纹是否完好，水眼是否通畅，硬质合金或耐磨材料不得超过本体直径。

（3）下井前绘制平底磨鞋草图。

（4）将平底（凹底）磨鞋连接在钻具结构最下端入井。钻具组合：磨鞋+钻铤（50.00~80.00m）+钻杆。

（5）下至鱼顶以上2.00~3.00m，开泵冲洗鱼顶。待井口返出洗井液之后，启动转盘（或顶驱）慢慢下放钻具，使其接触落鱼进行磨削。

（6）下放钻柱到底，加压20~50kN低速磨铣，严防扭矩过大。每磨20~30min，上提下放钻柱，并压住落物开泵继续磨铣。

（7）磨铣中若发现泵压升高，转盘（或顶驱）扭矩减小，说明磨鞋牙齿已磨平，应起钻换磨鞋；若发现磨屑明显减少，转盘整钻变轻，说明落物已磨平。

（8）对井下不稳定落鱼的磨铣方法。

当井下落鱼处于不稳定的可变位置状态时，在磨铣中落物会转动、滑动或者跟随磨鞋一起作圆周运动，这将大大降低磨铣效果，因而应采取一定措施使落物于一段时间内暂时处于固定状态，以便磨铣。一般采取顿钻，将其压到井底，可按下列步骤进行：

①确定钻压的零点（钻具的悬重位置是磨铣工具刚离开落鱼的位置），然后在方钻杆上做好标记。

②将方钻杆上提1.20~1.80m（浅井1.80m，深井1.20m），具体应根据井深情况、钻具、钻井液情况进行设计。

③向下溜钻。当方钻杆标记离转盘面0.40~0.50m时突然猛刹车，使钻具因惯性伸长，冲击井底落物，将落物压入井底。

④顿钻后转动60°~90°再次冲压。如此进行3~4次，即可继续往下磨铣。

⑤若金属碎块卡在磨鞋一边不动，要下压将其捣碎。

⑥不要让平底（凹底）磨鞋在落鱼上停留的时间太长（这样会在磨鞋表面形成很深的磨痕），要不断将磨鞋提起，边转动边下放到落鱼上，以便改变磨鞋与落鱼的接触位置，保证均匀磨铣。

⑦在磨铣铸铁桥塞时，磨鞋直径要比桥塞小3~4mm。

4. 注意事项

（1）下磨鞋前，井眼要通畅。起、下磨鞋要控制速度，以防阻卡或产生过大的波动压力。

（2）磨铣中要控制蹩钻，保持平稳操作。

（3）作业过程中不得停泵。

（4）磨铣过程中，要每隔15min取1次砂样，分析铁屑含量，及时判断磨铣情况。

（5）磨铣过程中，上提遇卡时，应下放转动钻柱，不得硬拔。

（6）长时间单点无进尺，应及时分析原因，采取措施，防止磨坏套管。

（7）不易磨铣柱状活动落鱼，以防止磨鞋带动落鱼向井底钻进，或损坏下面落鱼。

5. 维护保养

（1）若硬质合金磨损，必须及时进行维修。

（2）保持水眼通畅。

（3）接头处均匀涂抹螺纹脂或防锈油，存放在干燥的地方。

6. 技术参数

平底（凹底）磨鞋技术参数，见表5-25。

表5-25　平底（凹底）磨鞋技术参数

型号	外径D/mm	长度L/mm	平底角 α / (°)	接头螺纹	适用井眼直径/mm
MP89	89	250	10~15	$2^3/_8$ in REG	95.2~101.6
MP97	97				107.9~114.3
MP110	110			$2^7/_8$ in REG	117.5~127.0
MP121	121				130.0~139.7
MP130	130				142.9~152.4
MP140	140	250	10~15	$3^1/_2$ in REG	155.6~165.1
MP156	156				168.0~187.3
MP178	178				190.5~209.5
MP200	200			$4^1/_2$ in REG	212.7~241.3
MP232	232				244.5~269.9
MP257	257			$6^5/_8$ in REG	273.0~295.3
MP279	279				298.5~317.5
MP295	295				320.6~346.1
MP330	330				349.3~406.4
MP381	381				406.4~444.5

附录A 井下故障预防与处理"双十条"

一、井下故障预防"十条"

（1）钻进时发现异常情况（扭矩、摩阻、泵压、悬重、钻速、返砂）立即停钻查明原因，解除异常后方可钻进。

（2）在钻具组合复杂或带有贵重工具、仪器时，井下发生异常要先起钻简化钻具结构，甩掉贵重仪器和工具后再处理异常。

（3）钻进时发生井漏，在情况允许下把钻具简化或起到安全井段再堵漏；如情况不允许起钻，要尽可能上提钻具，并且上提时不要停泵，然后进行堵漏。钻具带钻头或扶正器时，严禁使用含水泥的堵漏材料进行堵漏。

（4）下钻遇阻不要多压（特别是第一次），一般不超过50kN，遇阻时要立即上提把钻具提开，但最大上提负荷不得超过钻具或提升系统的最大安全负荷。

（5）发现下钻遇阻上提困难时，不要盲目下压，要立即接方钻杆开泵循环划眼。

（6）划眼时要控制好钻压和扭矩，要保持上部井眼畅通，发现情况恶化时，要抓紧把钻具起到安全井段。

（7）起钻遇卡后不要多提（特别是第一次），一般不超过100kN，要立即下放压开钻具，必要时可以将悬重压到0。

（8）如果起钻遇卡下放困难，要立即接方钻杆或顶驱开泵划眼。

（9）倒划眼时不要多提，要保持下部井眼畅通。用卡瓦时一定要控制上提吨位和坐卡瓦吨位，坐卡瓦吨位尽量要大，转的扭矩不要大，注意打倒车的控制；在倒划眼至钻具接头时特别注意不要提卡。倒划眼是处理复杂时最危险的操作，钻台人员要躲进偏房，大钩、卡瓦等工具要用安全绳捆绑。

（10）井下出现异常要立即向项目部和技术发展部汇报，平台经理和技术员要在钻台指挥。

二、井下故障处理"十条"

（1）钻进时上提钻具发生卡钻，当钻头没有提离井底或离开井底很少时，要先放至原悬重加大排量循环，分析清楚卡钻原因再活动钻具，尽量保持水眼畅通。

（2）下钻时遇阻因下压过多发生卡钻，应立即接方钻杆循环，活动钻具以上提为主，下放吨位不允许小于原悬重，不允许在一个吨位长时间活动。

（3）起钻时遇卡因多提发生卡钻，应立即接方钻杆循环，活动钻具以下压为主，上提吨位不允许大于原悬重，不允许在一个吨位长时间活动。

（4）发生黏卡后，首先要接方钻杆循环，上下活动加转动，上提可提至最大允许吨位，下放可放到0t，但要控制下放速度，转动时要控制扭矩和转盘倒车。若活动没有效果，不要长时间大幅活动，抓紧组织解卡剂或酸。

（5）在处理卡钻故障时，钻具提拉和扭转载荷，不得超过钻具额定载荷的80%；使用震击类工具、大力提放、扭转钻具时，要检查好悬吊系统，司钻房以外的其他人员全部撤离钻台。

（6）泡含油类解卡剂时，要做好防火预案；泡酸类解卡剂时，要做好人员防护预案，避免酸液返到井口伤人。

（7）发生断钻具故障，循环好后要打稠浆保护鱼头，然后立即起钻，严禁探鱼头。选择打捞工具时，要优选通径大、能建立循环的工具。

（8）在打开产层的井发生井下故障时，要将井控安全放在首位。在故障处理过程中首先要在地层压稳的前提下进行，特别是泡解卡剂和泡酸施工前，要计算控制好液柱当量密度，要确保压稳油气层。

（9）处理故障的原则是：提卡了不要再多提，压卡了不要再多压，卡钻后要保持水眼畅通，不允许长时间在一个吨位活动；活动没有效果时，活动次数控制在50次以内，严禁违规处理。故障处理要从最难的角度着想，往最好的结果处理；提前制定预案，减少中途停等。

（10）发生井下故障，要立即汇报，单位要明确专家现场指导，严禁现场人员擅自处理。

附录B 井下复杂与故障的诊断

表B-1 井下复杂情况诊断

诊断依据	复杂类型	井漏	井塌	沉砂（砂桥）	溢流	泥包	缩径	键槽	钻具刺漏	牙轮卡死	钻头水眼刺掉	钻头水眼堵
转盘转动状况	扭矩正常	B									B	
	扭矩增大		A	A		A_1	A_1		B	A_1		
	蹩钻					A_2				A_2		
钻具运动状态	上提遇卡		A	A		A	A	A				
	下放遇阻		A	A			A					
	活动正常	B							B	B	B	B
泵压变化情况	正常						B	B	B			
	增高		A_1	A								A_1
	缓慢下降									A	A	
	突降	A										
	憋泵											A_2
井口流量变化	正常					B	B		B	B	B	
	减少	A_1										
	增加				A							
	不返	A_2										
机械钻速变化	加快				B							
	减慢	A				A			B	A		
	无进尺											

注：1.表栏中A为诊断故障的充分条件。
　　2.B为辅助判断依据。

表B-2 井下故障诊断

复杂类型 诊断依据		卡钻	钻具 断落	钻头 落井	井内落物		井喷
					钻头上	钻头下	
转盘转动 状况	扭矩增加				A	A	B
	扭矩减小		A	A			
	跳钻					A_1	
	蹩钻				A	A	
	不能转动	A					
钻具运动 状态	上提遇卡	A					
	下放遇阻	A					
悬重变化	正常						
	下降		A	B	B		
泵压变化 情况	正常						
	上升				B	B	
	下降		A	A			B
井口流量 变化	正常		B	B	B	B	
	增大						A
	减小						
	不返						
机械钻速 变化	减慢				A		
	无进尺		A	A		A	

注：1.表栏中A为诊断故障的充分条件；
　　2.B为辅助判断依据。

201

附录C 卡点位置的确定

当活动钻具无效需进行下一步解卡作业时（倒扣、浸泡或震击解卡），应确定卡点位置，最准确的办法是利用测卡仪测量（爆炸松扣前）。进行浸泡时，现场利用钻柱的弹性变形，可根据虎克定律确定卡点位置。

一、同一尺寸钻具卡点深度的计算

同一尺寸钻具卡点深度的计算公式如下：

$$L = \frac{EA_p \Delta L}{10^3 F} \tag{C-1}$$

式中　L——卡点以上钻杆长度，m；

ΔL——钻具多次提升的平均伸长量，cm；

E——钢材弹性模量，$E = 2.06 \times 10^5 MPa$；

F——钻具连续提升时超过钻具原悬重的平均静拉力，kN；

A_p——钻杆管体截面积，cm^2。

二、复合钻具卡点深度的计算

（1）通过大于钻具原悬重的拉力F，量出钻具总伸长ΔL。为了使ΔL更加准确，可多拉几次，用平均法计算出ΔL。

（2）计算在该拉力下，每段钻具的绝对伸长（假设有三种钻具）：

$$\Delta L_1 = \frac{10^3 F L_1}{EA_{p1}} \tag{C-2}$$

$$\Delta L_2 = \frac{10^3 F L_2}{EA_{p2}} \tag{C-3}$$

$$\Delta L_3 = \frac{10^3 F L_3}{EA_{p3}} \tag{C-4}$$

分析ΔL与$\Delta L_1 + \Delta L_2 + \Delta L_3$值的关系，确定卡点的大致位置：

①若$\Delta L \geqslant \Delta L_1 + \Delta L_2 + \Delta L_3$，说明卡点在钻头上；

②若$\Delta L_1 + \Delta L_2 \leqslant \Delta L < \Delta L_1 + \Delta L_2 + \Delta L_3$，说明卡点在第三段上；

③ $\Delta L_1 \leqslant \Delta L < \Delta L_1 + \Delta L_2$，说明卡点在第二段上；

④ $\Delta L \leqslant \Delta L_1$，说明卡点在第一段上。

（3）以 $\Delta L_1 + \Delta L_2 \leqslant \Delta L < \Delta L_1 + \Delta L_2 + \Delta L_3$ 为例，计算卡点位置：

① 计算 ΔL_3， $\qquad$ $\Delta L_3 = \Delta L - (\Delta L_1 + \Delta L_2)$

② 计算 L_3'， $\qquad$ $L_3' = EA_{p3} \Delta L_3 / (10^3 F)$

该值即为第三段钻具没卡部分的长度。

③ 计算卡点位置： $\qquad$ $L = L_1 + L_2 + L_3'$

式中 $\qquad$ L——卡点位置，m；

$\qquad$ F——上提拉力，kN；

$\qquad$ E——钢材弹性模量，$E = 2.06 \times 10^5 MPa$；

L_1、L_2、L_3——自上而下三种钻具的各自长度，m；

$\qquad$ ΔL——钻具总伸长，cm；

ΔL_1、ΔL_2、ΔL_3——自上而下三种钻具的各自伸长，cm；

A_{p1}、A_{p2}、A_{p3}——自上而下三种钻具的横截面积，cm^2；

$\qquad$ L_3'——第三段钻具没卡部分的长度，m。

参考文献

［1］蒋希文. 钻井事故与复杂问题. 第二版［M］.北京：石油工业出版社，2006.

［2］练章华，魏臣兴，张颖，等.深井、超深井钻柱损伤机理研究［M］.北京：石油工业出版社，2016.

［3］刘志坤．倪维军，王六鹏，等.石油钻井风险管理技术研究与实践［M］.北京：石油工业出版社，2014.

［4］张绍辉，秦礼曹，王胜启，等.深井钻井事故分析与认识［J］,石油工业监督，2014，10:24-26.

［5］汪海阁，郑新权.中石油深井钻井技术现状与面临的挑战［J］.石油钻采工艺，2005，27（2）：4-8.

［6］曾义金，刘建立.深井超深井钻井技术现状和发展趋势［J］.石油钻探技术，2005，33（5）：1-5.

［7］于文平.我国深井钻井技术发展的难点及对策［J］,中外能源，2010，15（9）：52-55.

［8］徐进，胡大梁.川西深井井下复杂情况及故障预防与处理［J］.石油钻探技术，2010，38（4）：22-25.

［9］魏新勇.深井钻井事故处理及案例分析［M］.北京：石油工业出版社，2009.

［10］魏风勇.钻井工程现场实用技术［M］.北京：中国石化出版社，2014.

［11］魏风勇，康永华.钻井井下工具操作手册［M］.北京：中国石化出版社，2019.